NICOLE HOEFS PETRA FÜHRMANN

Was liest der Hund am Laternenpfahl?

Dem Andenken an
Herrn Professor
Andreas Spira gewidmet

NICOLE HOEFS PETRA FÜHRMANN

Was liest der Hund am Laternenpfahl?

140 FRAGEN UND ANTWORTEN RUND UM DEN HUND

KOSMOS

Inhalt

herrchen, wer seinem Hund nicht mindestens die Ausübung dreier Hobbys ermöglicht? Oder muss der Bernhardiner den Lotussitz gar nicht beherrschen? Antworten auf diese und ähnliche Fragen finden Sie hier!

Darf der Briefträger Hundebesitzern die Postzustellung verweigern? ______ 69

... und 15 weitere Fragen aus Geschichte, Statistik, Jurisprudenz. Vom ersten Buch über Hunde, vom Familienhund als Opfer im Rosenkrieg, von organischen Tretminen auf den Straßen Berlins. Erstaunliches aus der Kuriositätenkiste berichtet dieses Kapitel.

Werden Hunde von Schokolade blind? ______ 86

... und 12 weitere Fragen zu Ernährung und Gesundheit. Werden Hunde von übermäßigem Schokoladenverzehr tatsächlich blind oder einfach nur dick? Antworten auf Fragen dieser und ähnlicher Art finden Sie hier!

Sind Rassehunde eine gefährdete Tierart? ______ 103

... und 10 weitere Fragen zu bunten Mischlingen und rassigen Rassehunden.
Viele Rassehundefreunde betonen die Bedeutung eines ordentlichen Stammbaums. „Einen Stammbaum hat der meine auch", mag so mancher Mischlingsbesitzer bei sich denken. „Und zwar genau vor der Haustür!" Dieses Kapitel beantwortet Fragen zu Dichtung und Wahrheit über Rassehunde und Mischlinge.

Wenn Hunde nicht alleine bleiben – Der ultimative Liebesbeweis? ______ 116

... und 11 weitere Fragen über tatsächliche Erziehung und vermeintliche Seelennöte.

Von Hunden, die zu wenig lieben, und solchen, die dies angeblich zu viel tun, lesen Sie hier!

Warum steckt der Wolf in so vielen Namen? 133
... und 12 weitere Fragen zum Hund und seinem Stammvater.
Bös' strapaziert worden ist er schon, der arme Wolf. Vom Rotkäppchen-Mörder bis zum Nackenschüttler, was hat man ihm nicht alles untergeschoben! Doch steckt der Wolf heutzutage noch in mehr als nur in Namen? Interessante Einblicke erhalten Sie hier!

Warum können sich Nachbarshunde so oft nicht leiden? 151
... und 12 weitere Fragen zu Hunden und ihrem Zusammenspiel, nicht nur mit Artgenossen.
„Make love not war", müsste das nicht das Motto des sozialsten unserer vierbeinigen Hausfreunde im Umgang miteinander sein? Warum also gibt es dennoch so oft Streit? Fragen solcher Art können Sie in diesem Kapitel nachspüren!

Passt eine Dogge durch meine Wohnungstür? 166
... und 12 weitere unbequeme Fragen zur Qual vor, bei und nach der passenden Auswahl eines Hundes.
„Ein Leben ohne Mops ist möglich, aber sinnlos", so erklärt Loriot seine Vorliebe für eine ganz besondere Hunderasse. Doch: „Der Wahn ist kurz, die Reu ist lang." Grund genug für ein Kapitel mit ehrlichen Antworten auch auf weniger populäre Fragen.

Service 181
Zum Weiterlesen 181
Nützliche Adressen 186
Register 187

Liebe Leserin, lieber Leser,

brauchen auch Sie einmal etwas Abstand vom ernsthaften und verbissenen Blick auf Hund und Mensch? Und gibt es auch für Sie dennoch Dinge, die Sie schon immer einmal über Hunde (und Wölfe) wissen wollten, bislang aber nie zu fragen wagten?

Dann geht es Ihnen ähnlich wie uns – wir wagen uns in diesem Buch mit dem Versuch, das Thema Hund vor allem unterhaltsam zu gestalten, erstmals auf belletristisches Eis.

Und so möchten wir Ihnen beim Lesen in erster Linie gute Unterhaltung wünschen! Dabei das eine oder andere Neue zu erfahren, soll kein Schaden sein.

Nicole Hoefs
Petra Führmann

Was liest der Hund am Laternenpfahl?

... und 14 weitere Fragen zu Intelligenz und Fähigkeiten unserer Vierbeiner.

Verstehen Hunde jedes WORT?

Generationen von Hundebesitzern können sich nicht irren: „Mein Hund versteht jedes Wort!" Oder doch nicht? Betrachten wir zunächst einmal, welche Fähigkeit hierzu vonnöten ist. In der Geschichte der Entstehung von Begriffen gab es zunächst einmal die Erscheinungen als solche, und zwar lange bevor der Mensch ein Wort für die Eberesche, den Vulkanausbruch sowie Blitz und Donner fand. Sie existieren vor der Erfindung der Worte. Als der Mensch ihnen Namen gab, ging er hierbei recht willkürlich vor, was man schlicht daran feststellen kann, dass die Dinge in den verschiedenen Sprachen auch verschiedene Namen tragen. Was damit gesagt sein will, ist, dass wir die Wörter, die uns umschwirren, nur deswegen verstehen, weil wir ihre Bedeutung kennen. Bewegen wir uns nun aber in einem Land mit einer fremden, uns unverständlichen Sprache, so können wir im besten Fall die Wörter nach ihrem sinnlich-akustischem Charakter unterscheiden, die Bedeutung der einzelnen Wörter hingegen bleibt uns verschlossen. Uns fehlt in einem solchen Fall das Wortverständnis, und so ähnlich ergeht es unseren Hunden auch. Die Tatsache, dass Hunde zwar problemlos lernen können, eine begrenzte Anzahl von Worten mit bestimmten Aufforderungen zu verknüpfen, darf hierüber nicht hinwegtäuschen. Der beeindruckende Erfolg des Hundes bei der Dechiffrierung der menschlichen Sprache liegt in seiner hohen Interpretationsfähigkeit.

Er bezieht Lautstärke, Stimmlage, Betonung, Gestik sowie Mimik bei der Deutung dessen, was wir von uns geben, mit ein. Er ist ein wahrer Meister der Interpretation, und das ist es, was ihm ein Zusammenleben mit dem Menschen überhaupt erst möglich macht.

Können Hunde **ÄRGER** riechen?

„Obwohl ich noch gar nicht geschimpft habe, duckt er sich schon!" „Der hat ein schlechtes Gewissen, das sieht doch jeder!" „Der weiß ganz genau, dass er das nicht soll, ich habe es ihm schon tausendmal gesagt, und da steht er nun, zieht den Schwanz ein und tut ganz unschuldig!" Derartige Aussagen rangieren ganz oben auf der Liste der gebräuchlichsten Aussprüche von Hundemenschen. Namhafte Ethologen (Verhaltensforscher) fallen schon lange nicht mehr darauf herein, ein solches Verhalten als Gewissenbisse zu interpretieren. Sie wissen, dass es sich hier um Beschwichtigungsgesten des Hundes handelt, der versucht, dem gefühlten Ärger zu entgehen. Und das ist ganz buchstäblich zu verstehen, denn Hunde können menschliche Gefühlszustände tatsächlich erfühlen oder, richtiger gesagt, erriechen. Schon seit den 80er-Jahren ist Forschern bekannt, dass Hunde über die Unterscheidung verschiedener Formen qualitativer und quantitativer Drüsensekretion das Innenleben des Menschen erriechen können. Man stelle sich nun den emotionalen Zustand eines Menschen vor, der Angst und Ärger empfindet, weil sein Hund sich auf eigene Faust eine Extrarunde durch den Wald genehmigt hat. Es braucht nicht viel Fantasie, und die Poren öffnen sich. Diese Veränderung im Geruchsbild von Herrchen oder Frauchen festzustellen, ist für den Hund, der im Übrigen auch noch imstande ist, Duftgemische zu analysieren, eine nahezu lächerliche Kleinigkeit. Da helfen weder Deodorant noch versteinerte Mimik: beiden stinkt's!

Welche Aussagekraft haben INTELLIGENZTESTS für Hunde?

Intelligenztests, bei denen es darum geht, bestimmte Aufgaben zu bewältigen, sind in der Hundewelt stark im Trend. Dem Hundefreund sei jedoch, um Frust und Enttäuschungen zu vermeiden, empfohlen, die Aussagekraft solcher Tests nicht überzubewerten und stattdessen eine eher humorige Haltung zum Intelligenzquotienten seines Tieres einzunehmen. Die meisten dieser – im Übrigen keineswegs immer ernst gemeinten – Prüfsteine für tierische Klugheit testen nämlich lediglich eine Intelligenzform: die sogenannte adaptive Intelligenz, die Aussagen darüber zulässt, wie effizient ein Tier lernt und wie selbstständig es Probleme löst. Doch sollten die Ergebnisse, die bei Prüfungen zur adaptiven Intelligenz herauskommen, aus einem gewichtigen Grund zusätzlich relativiert werden: Für den Betrachter ist es kaum möglich, objektiv zu beurteilen, ob der getestete Hund einer bestimmten Aufgabe nicht gewachsen ist oder er schlicht keine Lust hat, sie zu lösen, was eben noch lange nicht heißen muss, dass er weniger graue Zellen besitzt. Auch wenn bei der Erforschung menschlicher sowie tierischer Intelligenz noch keine letzendliche Einigkeit über den Begriff selbst herrscht, so kann man für den Hund noch weitere Intelligenzformen nennen, die von der apativen Intelligenz unterschieden werden können, jedoch in gängigen Intelligenztests kaum Niederschlag finden. Zunächst wäre da die Arbeits- oder auch Gehorsamsintelligenz, die die Fähigkeit bezeichnet, unter menschlicher Anleitung effektiv zu arbeiten. Des Weiteren kennt man bei Hunden auch eine instinktive Intelligenz, also genetisch bestimmte Fähigkeiten und Verhaltensformen. Dass gerade diese sich von Rasse zu Rasse extrem unterscheidet, leuchtet auf den ersten Blick ein, und gerade die instinktive Intelligenz ist es, die eine Vergleichbarkeit der Klugheit unter Hunden nicht nur schwer, sondern auch oft unsinnig macht.

Kann man die GERUCHSLEISTUNG von Hunden in Zahlen erfassen?

Genauso, wie sich der Mensch gerne von Tatsachengeschichten beeindrucken lässt, die von den enormen Fähigkeiten unserer Hunde berichten, neigt er zur ehrfurchtsvollen Begeisterung über Zahlen und Statistiken, die geeignet sind, die große Sympathie zum Hund wissenschaftlich zu untermauern. Nur ein Vorurteil? Oder sind doch „Zahlen und Figuren Schlüssel aller Kreaturen"? Man lasse folgende Superlative auf sich wirken und prüfe sich dann selbst: Der ausgedehnten Riechschleimhaut des Deutschen Schäferhundes mit 150 cm^2 und des Bloodhounds mit sage und schreibe 250 cm^2 steht die Riechschleimhaut des Menschen mit geradezu beschämenden 2–5 cm^2 gegenüber. Der Hund kann auf eine Gesamtzahl von etwa 125–225 Millionen Riechzellen verweisen, bestimmte Jagdhunderassen sollen sogar noch mehr besitzen. Der Mensch muss lediglich mit 5 Millionen Riechzellen durch die Welt gehen. Für bestimmte Stoffe haben Forscher eine ca. 100-millionenfach höhere Riechleistung bei unseren domestizierten Freunden ermittelt, außerdem stellten sie fest, dass beinahe ein Achtel des Hundegehirns ausschließlich der Geruchsverarbeitung dient. Am Beispiel der Buttersäure konnte ermittelt werden, dass Hunde bereits auf weniger als 10.000 Moleküle Buttersäure pro cm^2 Luft reagieren, wohingegen der bedauernswerte aufrecht gehende *Homo sapiens* erst eine millionenfach stärkere Konzentration wahrnimmt.

Kann jeder Hund ein SPRENGSTOFF-SPEZIALIST werden?

Jeder Hundebesitzer möchte, dass aus seinem Liebling etwas Vernünftiges wird, wenn er einmal groß ist. Deswegen werden weder Kosten noch Mühen gescheut, um dem Hund von Anfang an das richtige Rüstzeug für das weitere Leben mit auf den Weg zu geben: Frühförderkurs im Hundekindergarten, Selbstbewusstseinstraining in den schwierigen Monaten der Pubertät, Sonderkurse für den unterforderten Hund. Doch wie ist es um die generelle und allgemeine Bildungsfähigkeit der Hunde bestellt, und ist im Zweifelsfall immer der schlechte Lehrer schuld? Ein Hund, der eine spezielle Ausbildung erfahren soll, muss vor allem zweierlei mitbringen: großes Talent und die passenden Persönlichkeitsmerkmale, wie beispielsweise eine hohe Bereitschaft

mit dem Menschen zusammenzuarbeiten. Ein Hund, der nicht über einen herausragenden Geruchssinn verfügt und diese Fähigkeit bereitwillig in den Dienst des Menschen stellt – und hier gibt es große Unterschiede –, wird etwa den anspruchsvollen Job eines Sprengstoffsuchhundes kaum versehen können. Es ist sicherlich kein Zufall, dass die britische Polizei bei ihrer Antiterrorbekämpfung vor allem auf leichtführige Jagdhunderassen als Sprengstoffexperten setzt. Ebenso wird ein Hütehund nicht die Aufgaben eines Herdenschutzhundes erfüllen können und der Jagdhund wiederum wird bei der Ausbildung zum Hütehund das Klassenziel nur in den allerseltensten Fällen erreichen. Ein kluger Autor hat die Entwicklung vom Wolf zum Hund einmal als Entwicklung vom Zehnkämpfer zum Spezialisten bezeichnet. Und so ist eben vor allem jeder Rassehund prinzipiell erst einmal ein Spezialist für ein bestimmtes Gebiet und kein Allroundtalent.

Seit wann gibt es BLINDENFÜHRHUNDE?

Enge Beziehungen zwischen Mensch und Hund gab es zweifellos schon in der Antike. Eindeutige Quellen jedoch, die die Existenz von Blindenführhunden bereits in diesen alten Zeiten beweisen könnten, gibt es nicht. Die wenigen Bildquellen, auf die sich Autoren gelegentlich beziehen, erlauben – nimmt man es quellenkritisch genau – lediglich die Interpretation, dass hier ein offensichtlich ärmlich gekleideter Mann einen Stock in der einen und einen Hund an der Leine in der anderen Hand hält. Weder die Blindheit des Mannes noch die genaue Aufgabe des Hundes lassen sich aus den Abbildungen ableiten. Schriftliche Quellen, die von Blindenführhunden Auskunft geben, fehlen gänzlich. Die Quellenlage des Mittelalters gestattet ebenso wie die der Antike lediglich Vermutungen. Blinde Menschen, die gezwungen waren, als Bettler zu leben, scheinen oft einen Hund als Weggefährten und Freund besessen zu haben. Ob diese jedoch in irgendeiner Weise angeleitet oder erzogen waren, dem Blinden sein Dasein zu erleichtern, ist nicht nachweisbar. Um 1813 schließlich beschreibt ein Wiener Augenarzt den bemerkenswerten Versuch eines blinden Mannes, sich selbst einen Hund auszubilden. Die Idee, die Ausbildung des Hundes zuerst von einem Sehenden vornehmen zu lassen, stammt aus einem Lehrbuch für Blindenunterricht des Jahres 1819, in dem der Leiter einer Wiener Blindenanstalt den Vorschlag macht, Führhunde für Blinde abzurichten. Doch erst die verheerenden Wirkungen des Ersten Weltkrieges mit seinen grausamen Giftgaseinsätzen, die Tausenden das Augenlicht kosteten, führten zu einer Systematisierung des Blindenführhundewesens. 1916 gründete man in Oldenburg die erste Führhundeschule Deutschlands, andere Länder zogen nach. Bereits im Oktober desselben Jahres konnte einem kriegsblinden deutschen Soldaten der erste Führhund übergeben werden. Wurden zunächst nur Kriegsgeschädigte mit Führhunden versehen, so war es schon bald auch bedürftigen Zivilpersonen möglich, einen ausgebildeten Blindenhund zu erhalten.

Mein Hund kann zehn Gegenstände voneinander unterscheiden! Ist er HOCHBEGABT?

Menscheneltern sagt man nach, sie sähen ihren Nachwuchs verzerrt und hätten mitunter aufgrund ihrer großen Zuneigung Schwierigkeiten, dessen Fähigkeiten objektiv zu beurteilen. Dieses Phänomen soll zuweilen auch schon in der Mensch-Hund-Beziehung beobachtet worden sein. Insbesondere lässt die Begabung, das Apportierhölzchen auf Befehl vom Gummiball, diesen wiederum vom Quietscheentchen und jenes vom Stoffhasen zu unterscheiden, Zweibeiner regelmäßig in Verzückung geraten. Vielen von uns ist mittlerweile der Border Collie Rico ein Begriff: In einer bekannten Fernsehshow suchte er auf Zuruf seines Frauchens aus 200 unterschiedlichen Gegenständen den verlangten heraus. Die Dressur des Collies auf eine Gegenstand-Wort-Assoziation war für die Forschung von großem Aufschluss über das sogenannte Wortgedächtnis bei Hunden, oder einfacher gesagt darüber, wie viele solcher Musterpaare sich ein Hund überhaupt merken kann. Da viele Verteter dieser Rasse, der Rico angehört, in diesem Bereich als hochbegabt bezeichnet werden können, leuchtet ein, dass andere Rassen und Individuen hier in der Regel schlechter abschneiden. So haben Forscher für den Schäferhund eine durchschnittliche Anzahl von 53 Wortbefehlen, denen jeweils verschiedene Handlungen folgen, ermittelt. Jeder, der nun womöglich frustriert ist, weil sein eigener Liebling scheinbar schon an der Unterscheidung von „Sitz“ und „Platz“ scheitert, sei damit getröstet, dass es neben den rein kognitiven Fähigkeiten auch noch sinnliche und soziale gibt, mit denen man im Leben oft unvergleichlich weiter kommt. Die Lernkapazität Ricos wurde übrigens am Max-Planck-Institut in Leipzig überprüft und für echt befunden. Die Anzahl der Gegenstände, die dieses Wunderkind auseinanderhalten kann, ist inzwischen auf über 200 angestiegen.

Können Hunde ROT sehen? Lange Zeit glaubte man, Hunde seien gänzlich farbenblind und würden die für uns farbige Welt lediglich grau in grau wahrnehmen. Mittlerweile haben Wissenschaftler herausgefunden, dass diese Farbenblindheit nur eine relative ist. Hunde sehen Farben sehr wohl, können allerdings die Schönheit eines Regenbogens nicht in vollem Maße erfassen. Sie teilen mit einer Vielzahl von gehandicapten Menschen das

Schicksal einer ganz speziellen Form der Farbenblindheit. Diese gestattet es ihnen lediglich, die Farben Hell- und Dunkelgrau, Hell- und Dunkelblau sowie Hellgelb und Dunkelgelb zu unterscheiden. Grün und Orange erscheint ihnen gelblich, Violett als Blau, Türkis oder Blaugrün als Grau. Eine rote Ampel dürften sie für ausgeschaltet halten, denn diese markante Signalfarbe der menschlichen Welt versinkt in den Augen des Hundes in bedeutungsloses Grau oder sogar Schwarz. Blindenhunde unterscheiden an der Ampel übrigens hell und dunkel.

Sind Hunde die wahren NASCHKATZEN?

Am guten Geschmack unserer Hausgenossen kann man in Anbetracht von gelegentlichem Abfall-, ja sogar Fäkalienkonsum berechtigte Zweifel hegen. Dennoch lässt sich auch eine Begeisterung für alles Süße – sofern man dessen habhaft werden kann – von den meisten Hundebesitzern bestätigen. Katzen hingegen, die als Bildspender für die schöne Metapher von der Naschkatze dienen, gelten eigentlich als sehr mäkelige Fresser und sind noch dazu an Süßigkeiten gar nicht interessiert. Das

Geheimnis der verschiedenen Vorlieben bei Hund und Katz liegt in der unterschiedlichen Spezialisierung ihrer Geschmacksknospen. Hunde reagieren – ähnlich wie Menschen – auf süß, salzig, bitter und sauer. Die Geschmacksknospen der Stubentiger hingegen sind als die eines ausschließlichen Fleischfressers auch auf Fleisch spezialisiert. Der Hund lebt somit in einer reicheren Welt der Geschmäcker und reagiert im Gegensatz zur Katze nachgewiesenermaßen auf Substanzen wie Furaneol, das in vielen Früchten vorkommt. Dass man also liebevoll von der Naschkatze und nicht vom Naschhund spricht, hat womöglich einfach mit dem schöneren Klang zu tun oder damit, dass man eher geneigt ist, der vermeintlich unerziehbaren Katze genäschiges Verhalten nachzusehen, was beim Hund weit weniger der Fall ist.

Was „liest" der Hund am LATERNENPFAHL?

Im Volksmund wird er auch die „Zeitung des Hundes" genannt: der Laternenpfahl. Und tatsächlich, beim eigentlich kurz geplanten Ausflug um die Ecke ist man nicht selten gezwungen, an den entsprechenden Stellen so lange stehen zu bleiben, dass die Zeit bequem zur Lektüre des kompletten Feuilletons der FAZ reichen würde. Was der Hund in seiner „Zeitung" für eine Vielzahl an Informationen erhält, ist dabei nicht weniger beeindruckend. Sein herausragender Geruchssinn ermöglicht es ihm, in den Urinmarkierungen seiner Artgenossen zu lesen wie in einem Buch. Hier erfährt er, wer außer ihm in seinem Wohngebiet noch territoriale Ansprüche erhebt. Er erkennt, ob zuletzt Hündinnen oder Rüden an dieser Stelle unterwegs waren und sogar, ob es deckbereite Weiblichkeit in seiner Nähe gibt. Ebenso kann er am Harngeruch eine tragende von einer laktierenden Hündin unterscheiden. Auch ob ein schon lange bekannter Kumpel von der Spielwiese, ein Neuankömmling im Viertel oder der Gartenzaunkonkurrent hier seine Spuren hinterlassen hat, offenbart der untrügliche Laternenpfahl. Geht man davon aus, dass Hunde an diesen Orten auch ihre Individualgerüche sowie eine Fährte hinterlassen, so kann schnuppernderweise auch festgestellt werden, in welche Richtung sich der Vorgänger vom Laternenpfahl wegbewegt hat. Die im Urin enthaltenen Pheromone sprechen zudem Bände über den emotionalen Zustand des „Pipimachers“: Hatte dieser kurz zuvor ordentlich Ärger mit seinem unverständigen Zweibeiner, verbreiten sich die dabei ausgeschütteten Stresshormone in den Körperflüssigkeiten des Hundes, was ebenfalls Auswirkungen auf den individuellen Urinduft hat.

Haben Hunde ÜBERSINNLICHE Kräfte?

Was haben sich die Menschen in Vergangenheit und Gegenwart nicht alles einfallen lassen, um einen Blick in die Zukunft werfen zu können. Die Griechen befragten das Orakel von Delphi, die alten Römer lasen aus dem Vogelflug oder aus tierischen Eingeweiden, populär bis in unsere Tage sind Pendelschwingen, Glaskugeln und Tarotkarten. Und dabei scheint es doch, als hätte der Mensch den zuverlässigsten aller Kaffeesatzleser in seiner unmittelbaren Nähe: *Canis lupus familiaris*, der bevorstehende Naturkatastrophen anzeigt, die Heimkehr von Herrchen oder Frauchen vorhersagt und den Menschen vor Epilepsieanfällen und Unterzuckerung warnt. Doch scheint dies mit mystischer Übersinnlichkeit nicht viel zu tun zu haben. Sicher ist, dass Hunde über Sinneswahrnehmungen verfügen, die über unsere eigenen hinausgehen und von uns Menschen daher sinnlich nicht nachvollzogen werden können. Eine weitere mögliche Erklärung hundlicher Vorahnungen ist ihr herausragendes Hörvermögen. Bei einigen Rassen wie dem Bernhardiner wird sogar vermutet, sie könnten *Infraschall*, also tiefste Töne wahrnehmen. Auch ein seismischer Sinn wird von manchen Forschern angenommen, was erklären würde, warum es immer wieder Berichte von Hunden gibt, die Stunden oder gar Tage vor Erdbeben, Lawinenabgängen und ähnlichen Ereignissen starke Unruhe zeigten. Ihr ausgezeichneter Geruchssinn kommt Hunden, die sowohl Individualgerüche speichern als auch Veränderungen desselben erkennen können, bei der Wahrnehmung bestimmter Krankheitsbilder und emotionaler Zustände des Menschen zugute. Bei der Betrachtung der Wahrnehmungsfähigkeit des Hundes muss man auch die des Menschen einer strengen Prüfung unterziehen, was zu mancherlei Entmythisierung beitragen kann. Psychologen, die sich auf die Untersuchung menschlicher Wahrnehmung spezialisiert haben, weisen auf das Phänomen der selektiven Wahrnehmung beim Menschen hin, was eine intuitive Bestrebung meint, Dinge erst dann zu registrieren und zu speichern, wenn sie unseren Erwartungen entsprechen. Ist eine Entsprechung nicht gegeben, neigen wir zur Ignoranz. Ein Forscher, der sich diesem Problem widmete, berichtet von einem Fall, bei dem der Hund einer Familie vor der Heimkehr seiner Hauptbezugsperson regelmäßig sehr unruhiges Verhalten zeigte und zur Tür oder zum Fenster rannte. Nun wäre dies noch nichts Unerklärliches, doch diese Person hatte einen völlig unregelmäßigen Arbeitsrhythmus und kam stets zu unterschiedlichen Zeiten nach Hause. Eine genaue Videoanalyse des Hundeverhaltens nun ergab, dass der Hund insgesamt ein recht aktives Tier war und mehrfach am Tag in derselben Weise sowohl die Tür als auch das Fenster frequentierte, und zwar ohne dass ein äußerer Anlass ersichtlich gewesen wäre. Die Familienmitglieder gewannen erst über die Auswertung der Videoaufnahmen Aufschluss über diese Tatsache, die ihnen zuvor gar nicht aufgefallen war. Und doch gibt es immer wieder Berichte über wundersame „Voraussagungen“ von

Hunden, für die es (noch) keine wissenschaftliche Erklärung oder Theorie gibt. Alles spricht aber dafür, dass unsere Hausgenossen hierzu keinerlei übersinnlicher Fähigkeiten bedürfen, sondern schlicht diejenigen nutzen, die ihnen zur Verfügung stehen.

Sind Hunde die besseren SEELSORGER?

Die meisten Hundebesitzer kennen das Phänomen: Während man traurig und niedergeschlagen die Wand anstarrt und keinen anderen Menschen in der Nähe ertragen könnte, nähert sich der Hund und trocknet im übertragenen Sinne Tränen. Weil Hunde menschliche Gefühlslagen nicht nur erkennen, sondern auch unterscheiden können, erklärt sich, warum sie auf Trauer, Freude, Nervosität und ähnliche Zustände verschiedene Reaktionen zeigen. Tatsächlich nämlich geht unsere Stimmung auf sie über, steckt sie im wahrsten Sinne des Wortes an. Ihr soziales Wesen trägt dazu bei, dass unsere Seelennot sie nicht kalt lässt. Dennoch sollte man sich vor Überinterpretationen hüten: Die sogenannte Stimmungsübertragung, die in solchen Situationen stattfindet, bedeutet nicht automatisch, dass der Hund den Grund unseres Kummers kennt. Bei der Frage, wie es um das subjektive Empfinden der Hunde in solchen Situationen steht, lässt sich eine Antwort nur schwer finden, da diese Dinge sich einer objektiven Untersuchung schlichtweg entziehen.

Müssten Hunde in freier Wildbahn VERHUNGERN?

Glücklich schätzen darf sich, wer einen Hund sein Eigen nennt, dem beim Anblick fliehenden Wildes nichts anderes mehr einfällt als gelangweiltes Gähnen. Wären solche Exemplare im Falle eines

Falles vom Aussterben bedroht, und können die anderen tatsächlich so gut jagen, dass es zur Versorgung ohne menschlichen Beistand reichen würde? Zunächst einmal muss man den meisten Hunden bei aller Freundschaft attestieren, dass sie völlig ohne Sinn und Verstand jagen, tja! Da wird kein noch so aussichtsloses Eichhörnchen geschont, kein noch so eindeutig im Vorteil befindlicher Vogel verschmäht. Das kostet eine ganze Menge Energie, die schnell an anderer Stelle fehlt. Kein Wolf könnte sich bei seinem eigenverantwortlichen Nahrungserwerb eine so unökonomische Energieverschwendung leisten! Doch auch Hunde, die sich nur bei aussichtsreicheren Opfern wie Hase oder Reh in Bewegung setzen, sind (Gott sei's dreimal gedankt!) nicht unbedingt erfolgreicher bei der Jagd und kehren zwar häufig erst nach Stunden, dafür aber mit leeren Fängen in die Arme ihrer Besitzer zurück. Bliebe also

auch für diese Kandidaten nur die Mülltonne als Versorgungsanstalt. Glücklicherweise ist die Zahl der Hunde, die ihre Jagd mit Beutebestätigung, also mit Todbiss abschließt, insgesamt relativ gering. Diese Instinktsicherheit ist den meisten Hunden im Verlauf der Domestikation abhanden gekommen bzw. wurde durch selektive Züchtung des Menschen gezielt abgeschwächt oder in konkrete Bahnen gelenkt. So ist also tatsächlich davon auszugehen, dass eine gehörige Anzahl unserer Hunde in freier Wildbahn ohne menschliche Hilfe verhungern würde.

Wie orientiert sich ein Hund mit „VORHANG" vorm Gesicht?

Einige Hunderassen und -individuen haben es nicht leicht. Ihre in der Regel sehr schöne und dichte Behaarung macht auch vor der Kopfregion nicht halt und scheint ihnen jegliche Sicht zu versperren. Dennoch sieht man diese Exemplare selten auf Laternenpfähle oder andere Hindernisse prallen, wie es dagegen gelegentlich verträumten Zweibeinern passiert. Eine schlüssige Erklärung hierzu besagt, dass diese Hunde sehr wohl schlechter sehen als ihre Artgenossen mit freiem Gesichtsfeld, sich aber dennoch besser orientieren können, als das beispielsweise einem blinden Menschen möglich ist. Mit hoher Wahrscheinlichkeit ist dafür ihre Fähigkeit des Dunkelheitssehens verantwortlich, die bei Hunden generell gut ausgeprägt ist. Dennoch gibt es Hinweise, dass eine übertriebene Haarbedeckung vor den Augen negative Auswirkungen auf den Bereich der Kommunikation mit Artgenossen hat, da kleine körpersprachliche Signale oft nicht erkannt werden. Nachdem man in einem Tierheim in den USA die Erfahrung gemacht hatte, dass Hunde – in diesem Fall handelte es sich um Bobtails – unsicher und aggressiv auf die Annäherung von Artgenossen reagierten, schor man ihnen die

Haare vor den Augen ab, und siehe da: Die Tiere verhielten sich fortan friedlicher miteinander. Trotzdem sollte man beim Scheren des Hundes in der Augenregion vorsichtig und nicht nach der Kahlschlagmethode vorgehen. Viele sind die direkte Lichteinstrahlung nicht mehr gewöhnt und können daher empfindlich und irritiert auf eine zu drastische Kürzung reagieren. Ein schrittweises Ausdünnen des Fells an dieser Stelle ist aus diesem Grund sinnvoller.

Wer gilt als der „Vater" aller RETTUNGSHUNDE?

Im Jahre 1125 findet sich die erste urkundliche Erwähnung eines Klosters und Hospitzes auf dem 2470 m hohen Alpenpass, der das Rhonetal mit der Dora Baltea, einem Nebenfluss des Po, verbindet. Gegründet wurde dieses Kloster aber bereits um 1050 vom heiligen Bernhard von Menthon, der diesem alten Gebirgspass, der nur im Sommer gefahrlos überquert werden konnte, den Namen gab. Der Hilfe der Klostermönche ist es zu verdanken, dass die Menschen damals auch in unwirtlichen Monaten den Gang über den Bernhardpass überhaupt wagten. Trotzdem muss es von Anfang an eine Vielzahl von Verirrten und Verschütteten gegeben haben. Eine schriftliche Erwähnung der berühmten Hunde finden wir immerhin seit Beginn des 18. Jahrhunderts in den Klosterannalen. Die Geistlichen gingen, von einer Vielzahl von Hunden begleitet, mit Schaufeln, Stangen, Bahren und Erquickungen bei Unwettern oder Lawineneinbrüchen auf die Suche nach Verlorenen. Historische Quellen berichten davon, dass diese Hunde freiwillig häufig tagelang die Schluchten und Gebirgswege durchstreiften. Fanden sie einen Erstarrten, so die Quellen weiter, liefen sie auf dem kürzesten Weg zum Kloster zurück, bellten heftig und führten die stets bereiten Mönche zur Unglücksstelle; trafen sie auf einen Verschütteten, so begannen sie unverzüglich damit, den Unglücklichen freizuscharren, wobei ihnen die starken Klauen und die immense Körperkraft wohl zustatten gekommen sind. In den Klosterbüchern findet sich eine große Anzahl von Geretteten gewissen- und glaubhaft verzeichnet. Der berühmteste dieser mönchischen Vierbeiner nun war der Bernhardinerhund Barry, der mehr als vierzig Menschen das Leben gerettet haben soll. Auch wenn sich sowohl um sein Leben als auch seinen Tod eine Vielzahl von Legenden und Halbwahrheiten ranken, so gilt er bis heute als das Symbol des treuen vierbeinigen Menschenretters. Nachdem er 1814 nach zwei Jahren wohlverdientem Ruhestand friedlich gestorben war, setzte man ihm im Naturhistorischen Museum in Bern ein Denkmal. Noch heute kann der „Vater aller Rettungshunde“ dort in präpariertem Zustand bewundert werden.

Warum beißen Hunde so gern ins Gras?

... und 10 weitere Fragen zu ganz und gar seltsamen Ticks von Hunden.

Warum flüchtet der Hund bei GEWITTER ins Badezimmer?

Ließe man unsere Hunde selbst einmal eine Liste ihrer größten Feinde anfertigen, so würde man unter Umständen erstaunt feststellen, dass nicht der Postbote oder Nachbars Lumpi hier einen der vorderen Ränge einnimmt, sondern eine ganz alltägliche Naturerscheinung: das Gewitter. Lange bevor der Mensch ein erstes Donnergrollen vernimmt, zeigen betroffene Hunde schon die ersten Symptome in Form von starker Unruhe, Nervosität und Angst und suchen ihr Heil in der Flucht ins Badezimmer. Anscheinend nehmen Hunde zu diesem Zeitpunkt die erhöhte elektrische Spannung in der Atmosphäre wahr: Manche Tiere legen sich gar in die Duschkabine, und weder menschliche Überredungskünste noch Locken mit Leckereien können sie bewegen, diese wieder zu räumen. Eine mögliche Erklärung für dieses Verhalten, das mit dem Wunsch nach Reinlichkeit nichts zu tun hat, ist, dass Badewanne und Dusche in der Regel geerdet sind wie ein Blitzableiter. Daher wird die elektrische Spannung im Badezimmer wesentlich besser abgeleitet als in den übrigen Räumen einer Wohnung, was gewitterängstlichen Hunden die Situation offenbar etwas erträglicher macht. Die Gründe für eine solche Gewitterangst liegen zumeist in zufälligen Koinzidenzen der Vergangenheit. Eine bestimmte, sehr unangenehme oder gar schmerzhafte Erfahrung wurde zum Zeitpunkt eines Gewitters gemacht und so mit diesem an sich harmlosen Ereignis verknüpft. Besonders anfällig für solche Verknüpfungen sind Hunde mit einer mangelhaften Umweltsozialisation, d. h. Hunde, die bis zur 16. Lebenswoche zu wenig von der Welt kennen gelernt haben.

Warum will der Welpe nicht in die weite WELT hinaus?

Es gibt viele Gründe, warum der Welpe oft mehrmals täglich den wärmenden Schoß seines neuen Zuhauses verlassen muss: Er soll seine Umgebung kennenlernen, nicht immer nur in den Garten machen, Artgenossen treffen und überhaupt etwas von der Welt sehen. Seltsamerweise sträuben sich viele, vor allem in den ersten Tagen nach dem Umzug in ihr neues Heim, dasselbige zu verlassen. Steckt etwa die Angst dahinter, man könne sie zurück an ihre erste Wirkungsstätte bringen, und dahinter wiederum die Angst vor den ehemaligen – nur scheinbar tierlieben – Besitzern? Solche und ähnliche Fehlurteile sind mittlerweile innerhalb der spirituellen Kommunikation mit dem Hund zwar gang und gäbe, aber dennoch schlicht und ergreifend Humbug. Ein Blick in die Natur und auf das wölfische Erbe unserer Hun-

de liefert weitaus plausiblere und nachvollziehbare Erklärungen. Verlässt das Wolfsrudel seinen Lagerplatz, um auf die Jagd zu gehen oder das Territorium zu kontrollieren, verbleiben die Wolfswelpen ebendort an sogenannten Rendevouzplätzen. Sie verlassen das Lager nicht, die jungen Tiere können dem Rudel rein kräftemäßig ja noch gar nicht folgen, und ein Ausflug wäre für sie auch viel zu gefährlich. Bei entsprechender Rudelgröße kann es sein, dass einzelne oder auch mehrere Rudelmitglieder zur Aufsicht mit an den Rendevouzplätzen zurückbleiben, doch selbstverständlich und immer gegeben ist dies nicht. Es ist sehr wahrscheinlich, dass die Scheu vieler Hundewelpen, in den ersten Tagen das Haus zu verlassen, in diesem beschriebenen, völlig natürlichen Verhalten ihren Ursprung hat. Doch unsere Umwelt ist eine andere als die frei lebender Wölfe, und daraus ergeben sich auch andere Notwendigkeiten. Daher muss der Welpe gemeinsam mit seinen Menschen aus dem Haus, da er ansonsten nicht die Lernerfahrungen machen kann, die für eine gute Sozialisierung innerhalb der modernen Welt erforderlich sind. Unter normalen Umständen verliert sich diese Angst bereits nach wenigen Tagen, sofern man richtig mit ihr verfährt. Optimalerweise nimmt man den Hund auf den Arm, und zwar bevor er Angstsignale zeigt, und trägt ihn unter freudigen und aufmunternden Worten zum Auto oder die ersten Meter von daheim weg. Ist das Zuhause erst einmal außer Sichtweite, wird der Welpe seinem Menschen in der Regel gerne und bereitwillig folgen.

Warum nur lieben Hunde FÄKALIEN?

Wahrscheinlich würde kaum ein Hundefreund es öffentlich gestehen: „Ja, auch ich habe mich schon einmal mit kaltem Grausen von meinem Hund abgewandt!“ Hinter diesem Tabu steckt eine zugegebenermaßen recht unappetitliche

Angelegenheit, die für viele Hundebesitzer eines der letzten großen Fragezeichen im Benehmen ihrer Vierbeiner darstellt. Zur Enttäuschung aller wird man allerdings konstatieren müssen, dass es derzeit eine schlussendliche, allgemein anerkannte Antwort auf dieses Rätsel noch nicht gibt. Dennoch lassen sich eine ganze Vielzahl von Thesen aufweisen, die etwas Licht ins Dunkel bringen. Oftmals liest man, Fett- und Eiweißmangel durch falsch zusammengesetztes Futter könne der Grund für das Fressen von Fäkalien sein. Da die meisten unserer Hunde heutzutage jedoch sehr hochwertiges Fertigfutter erhalten, kann diese Ursache sicherlich nur in wenigen Fällen als Erklärung dienen, denn es werden sich mit Leichtigkeit eine Menge Hunde finden, die – keineswegs fehlernährt – von dieser Verhaltensweise dennoch nicht lassen können. Weitaus einleuchtender ist die These, die dieses Verhalten mit einem natürlichen und ursprünglichen Bedarf an pflanzlichen Nährstoffen in verdaulicher

Form in Zusammenhang bringt. Dazu sollte man wissen, dass weder Hunde noch Wölfe reine Fleischfresser sind und gerade die letztgenannten dadurch, dass sie die Darminhalte ihrer Beutetiere gelegentlich mitverzehren, regelmäßig pflanzliche Nahrung in vorverdauter Form zu sich nehmen. Der Kot von Pflanzenfressern nun, also vor allem von Schafen, Rindern und Pferden (für Menschenkot gilt dies natürlich nur bedingt), enthält viele dieser pflanzlichen Stoffe, die der Hund in ursprünglichem Zustand nur schlecht oder eben gar nicht verwerten kann. Das Verzehren von Darminhalten wäre demgemäß somit eine völlig natürliche Angelegenheit. Bekanntermaßen leben nicht alle Hunde in so gut versorgten Verhältnissen wie unsere. Für solche, die in unmittelbarer Nähe von Naturvölkern leben, sind menschliche Exkremente eine wesentliche Nahrungsquelle, und man kann sicherlich davon ausgehen, dass dies auch in unseren Breitengraden vor Zeiten einmal so war. Einige Forscher veranlasst dies, anzunehmen, der Hund habe sich so im Verlauf des jahrtausendlangen Zusammenlebens mit dem Menschen an diese Art der Nahrung schlicht gewöhnt. Beobachtet man Hündinnen, die gerade geworfen haben bei der Brutpflege, so kann man ebenfalls eine völlig natürliche Form der Kotaufnahme erkennen. Um das Lager sauber zu halten, fressen die frischgebackenen Mütter die Hinterlassenschaften ihrer Welpen sofort auf. Übrigens machen sich viele Naturvölker dies zunutze: Hunde dienen ihnen bereitwillig als Windelersatz, indem sie die Popos ihrer Kinder sauber lecken, was ebenfalls ein Hinweis dafür ist, dass das Fressen von Kot bei Hunden zunächst einmal nichts Krankhaftes, sondern etwas Natürliches darstellt. Der Geschmackssinn der Hunde ist mit etwa 1.700 Geschmackspapillen im Vergleich zum Menschen, der auf eine Anzahl von 9.000 verweisen kann, weitaus schlechter ausgeprägt. Womöglich ist eine ursprüngliche Notwendigkeit, Dinge aufnehmen zu müssen, die nicht gerade schmackhaft sind, dafür der Grund.

Warum gehen Hunde so gern mit JOGGERN auf Tuchfühlung?

Es gibt Geschichten, die scheinen so uralt zu sein wie die Menschheit. Die Geschichte der einseitigen Annäherung zwischen Hunden und Joggern ist eine, die mindestens schon so lange existiert wie diese Form der sportlichen Betätigung. Sie lässt sich ebenso einfach erklären wie überwinden. Die meisten Hunde haben natürlicherweise große Freude daran (und vor geraumer Zeit war dies ja geradezu überlebenswichtig), sich schnell bewegende Objekte zu verfolgen. Einige Hunde kaprizieren sich hier auf Jogger, andere bevorzugen die schnelleren Fahrradfahrer. Da sowohl Jogger als auch Radfahrer, die von Hunden ins Visier genommen werden, ihr Tempo verständlicherweise erhöhen, kann sich der Hund am Erfolg seiner Handlung ganz unmittelbar erfreuen: Lernen am Erfolg par excellence! Die in einem solchen Fall zumeist folgenden, verbalen Auseinandersetzungen zwischen den Menschen scheinen den Hund in der Richtigkeit seines Benehmens Joggern gegenüber zusätzlich zu bestäti-

gen. Viele joggende und radfahrende Sportsfreunde wären bei der Feststellung sicherlich bass erstaunt, dass ein abruptes und ruhiges Stehenbleiben ihrerseits in der Regel ein komplettes Desinteresse aufseiten des Hundes nach sich zieht. Doch natürlich kann der verantwortungsvolle Hundebesitzer von seinen sportlichen Zeitgenossen kaum erwarten, beim Gewahrwerden eines Hundes auf der Stelle jegliche Fortbewegung einzustellen. Vorausblickendes Spazierengehen, rechtzeitiges Ablenken durch Spielchen oder der Einbau kurzer Erziehungsübungen wie „Sitz“, „Platz“ und „Bleib“: Dann klappt's auch mit dem Jogger.

Warum lösen sich manche Hunde nur auf ASPHALT?

Die Umwelt reagiert heutzutage sehr sensibel auf Hunde mit schlechtem Benehmen. Und so legen die meisten Besitzer außerordentlichen Wert darauf, ihren Lieblingen eine gute Kinderstube angedeihen zu lassen. Eine solche beweist vor allem ein Hund, der seine Bedürfnisse nicht mitten auf der Straße erledigt und damit ärgerliche Missbilligungen erregt, sondern sich dezent in Wiese, Büsche oder an Wegesränder zurückzieht. Daher sind Hundebesitzer bei den ersten gemeinsamen Ausflügen ständig bemüht, den Hund, sobald er entsprechende Anzeichen erkennen lässt, auf die nächste Grünfläche zu bugsieren. In der Regel ist man so auf dem Weg zum „straßenreinen“ Hund schnell erfolgreich. Doch gibt es immer wieder Vierbeiner, die wochenlang trotz anhaltender Bemühungen ihrer Menschen harte Flächen zum Lösen bevorzugen und damit ihre Umgebung zur Verzweiflung bringen. Die Ursachen sind hier in kindlichen Früherfahrungen zu finden. Welpen verlassen etwa ab der dritten Lebenswoche selbstständig das Wurflager und lösen sich außerhalb desselben an Orten, die weiter vom Lager entfernt liegen. Im optimalen Fall haben sie dabei regelmäßig Zugang zu Grasflächen, manche Züchter bieten den jungen Hunden in den Wurfräumen Ecken mit Sägespänen oder Ähnlichem. Auf diese Weise wird bei sorgfältig aufgezogenen Welpen eben jener Untergrund zum auslösenden Reiz und sie werden ihn auch später für ihre Verrichtungen bevorzugt aufsuchen. Hundehändler und leider auch einige Züchter nun halten ihre Welpen ausschließlich in Zwingern mit für den Menschen leicht zu reinigendem Waschbeton oder in gefliesten Räumen. Beginnen diese Tiere ihre Wurfkiste zu verlassen, so haben sie gar keine andere Möglichkeit, als sich auf glatten Flächen zu lösen. Diese Flächen werden so bei regelmäßiger Erfahrung für den Hund, der keine Alternative hat, zum auslösenden Reiz. Besitzer solcher „Betonkinder" brauchen viel Augenmaß und Geduld, dieses Verhalten, das so leicht vermeidbar wäre, zu korrigieren, und sollten den Welpen in den ersten Wochen nach der Übernahme so oft wie möglich zu einer geeigneten Stelle tragen, damit der Hund umlernen kann und unterwegs kein Missgeschick passiert.

Warum gräbt mein Hund den ganzen GARTEN um?

Für die meisten Hundebesitzer sind Glück und Wohlbefinden ihrer Tiere in hohem Maße ansteckend, und so nehmen sie gerne oder auch leise seufzend Dinge hin, die in einem Leben ohne Hund keinerlei Duldung erfahren würden, wie zum Beispiel den in eine Kraterlandschaft verwandelten Garten. Viele Hunde buddeln für ihr Leben gern und nehmen dabei weder Rücksicht auf kostbare englische Kletterrosen noch auf handaufgezogenen Biowirsing. Prinzipiell ist das Graben bei Haushunden eine natürliche Besonderheit, die aber in unterschiedlich starkem Maße ausgeprägt ist. Leidenschaftliche Buddler sind vor allem Jagdhunderassen wie Terrier oder Dachshunde, die ja

die vornehmliche Aufgabe haben, in unterirdische Bauten von Wildtieren einzudringen und dort die nötige Überzeugungsarbeit zum Verlassen der Behausungen zu leisten. Auch bei Retrievern jedoch, die nicht zu dieser Art von „Bau-Jagdhund“ gehören, ist diese Form der Gartenverschönerung sehr beliebt. Es gibt die These, das Graben sei ein Relikt vergangener Tage und könne mit dem Bauen von Wohnhöhlen wie bei Fuchs oder Wolf in Zusammenhang stehen. Die meisten Hunde hätten dies aber domestikationsbedingt aufgegeben, was erklären würde, warum noch lange nicht alle Hundefreunde gezwungen sind, von einer selbstbestimmten Gartengestaltung Abschied zu nehmen. Den Eifer buddelnder Hunde kann man übrigens durch regelmäßige Tabuisierung von Blumen- oder Gemüsebeeten und durch das gleichzeitige Angebot einer eigenen Sandkiste, in der sich ausgetobt werden darf, in durchaus allgemeinverträgliche Bahnen lenken.

Warum beißen Hunde so gerne ins GRAS?

Der Volksmund hat – wie so oft, so auch hier – eine griffige Erklärung parat: „Wenn ein Hund Gras frisst, ändert sich das Wetter.“ Der Hund als Wetterfrosch, der aus Verzweiflung über sich ankündigenden Regen ins Gras beißt? Ein Tierarzt hat sich in einer wissenschaftlichen Doktorarbeit einmal die Mühe gemacht, diese und weitere Erklärungen zum Grasfressen bei Hunden einer systematischen Untersuchung zu unterziehen. Dabei wurden neben der bereits genannten Hypothese alle gängigen Behauptungen, die zur Erklärung dieser Verhaltensweise regelmäßig zu hören sind, geprüft: ungenügende Ballaststoffe in der Nahrung, ungenügende Sättigung, Mangel an Vitaminen und Mineralstoffen, Grasfressen als Auslöser für Brechreiz bzw. bei einer Gastritis, Grasfressen zur Aufnahme von Duftstoffen, die zuvor auf Pflanzen und Gräsern abgesetzt worden sind. Die Ergebnisse brachten – wenn auch noch keine endgültige Klarheit – doch immerhin interessante Erkenntnisse ans Licht der Welt. So fressen etwa 90 % aller Hunde zeitweise Gras. Auffällig war die Bevorzugung junger Pflanzen. Obergräser und junge Getreidepflanzen nahmen eine dominierende Stellung ein. Kleinwüchsige Hunde, wie der Dackel und solche unter zehn Kilogramm Körpergewicht, zeigten laut Untersuchung dieses Verhalten seltener als ihre großwüchsigen Artgenossen. Dies jedoch könnte damit zusammenhängen, dass kleine Hunde häufiger in Städten leben, wo sich schlicht weniger Möglich-

keiten, Gras zu fressen, bieten. Ansonsten wurde kein Einfluss endogener Faktoren wie Alter, Rasse, Geschlecht oder Charakter festgestellt. Auch die Witterungsverhältnisse waren den untersuchten Hunden bei ihren Ausflügen in die Welt des Vegetarismus völlig gleichgültig. Weiterhin beobachtete man, dass lediglich bei einem kleinen Teil der erfassten Tiere nach der Grasaufnahme Erbrechen auftrat. Ebenfalls verworfen werden musste der Ballaststoffmangel. Wäre ein solcher die Ursache, hätte die Grasaufnahme einigermaßen regelmäßig erfolgen müssen, was jedoch nicht der Fall war. Die untersuchten Hunde fraßen Gras in völlig unregelmäßigen Abständen, und daher konnte auch die These eines Vitamin- und Mineralstoffmangels nicht erhärtet werden. Hinzu kam, dass selbst ausgewogen ernährte Hunde während des Untersuchungszeitraums Gras fraßen. Insgesamt war die aufgenommene Menge an Gras auch zu gering, als dass ein Mangel bei nicht optimal ernährten Hunden dadurch hätte ausgeglichen werden können. Eine ungenügende Sättigung als Ursache schied ebenfalls aus, es ließ sich kein Kausalzusammenhang herstellen zwischen grasfressenden Hunden, die Futter zur freien Verfügung hatten, und solchen, die restriktiv gefüttert wurden. Ebenso das Grasfressen zum Zweck der Aufnahme zuvor darauf abgesetzter Duftstoffe konnte als Ursache letztendlich nicht bestätigt werden. Womöglich ist ein Missverständnis der Grund dafür, dass man sich schon so lange und nachhaltig darüber wundert, dass der Hund gelegentlich Gras frisst. Die wild lebenden Verwandten unserer Hunde wie der Wolf, der Kojote und der Schakal sind nämlich – wie bereits an anderer Stelle angedeutet – keineswegs reine Fleischfresser. Je nach Umgebung und Umständen gehört Pflanzliches durchaus zu ihrem Nahrungsspektrum. Somit könnte das Grasfressen bei Hunden Relikt eines arttypischen Ernährungsverhaltens sein, das dem Betrachter nur deswegen so sonderbar erscheint, weil er im Hund einen reinen Fleischfresser sieht.

Warum begrüßen manche Hunde selbst EINBRECHER freundlich?

Die Menschenfreundlichkeit mancher Hunde scheint schier grenzenlos zu sein. Dass dieser Tatbestand keine reine Mythisierung darstellt, hervorgerufen ausschließlich durch vierbeinige Fernsehhelden, bestätigen die Geschichten, die der wahre Alltag schreibt. So wird immer einmal wieder von Hunden berichtet, die – allein zu Haus – Einbrechern zwar nicht die Tür aufhielten, sie aber keineswegs an der Ausübung ihrer verwerflichen Taten hinderten. In solchen Fällen kollidieren die Erwartungshaltungen der Besitzer an ihre Hunde in bestimmten Situationen auf der einen und die Persönlichkeitsmerkmale eines Tieres auf der anderen Seite. Die in den letzten Jahrzehnten steigenden Ansprüche an den Familienhund als einen freundlichen, leicht erziehbaren und anpas-

sungsfähigen Begleiter haben Zuchtverbände beliebter Familienhunderassen ein hohes Augenmerk auf eben diese Merkmale richten lassen. Gerade weil sie diese Anforderungen so hervorragend erfüllen, sind beispielsweise der Labrador und der Golden Retriever so gern gesehene Familienmitglieder. Durch gezielte, züchterische Selektion wurde ihnen der „will to please", der dem Menschen so viel Freude macht, genetisch mitgegeben; bei manchen Exemplaren scheint dieser so stark ausgeprägt, dass sie in ihrer Freundlichkeit – vor allem in der Junghundphase – kaum einen Unterschied zwischen Besitzern und Rudelfremden machen. Glücklicherweise lassen sich Einbrecher in der Regel durch die bloße Anwesenheit eines Hundes ausreichend abschrecken und verfügen noch dazu über wenig Hundewissen. Ein Kommissar-Rex-Verhalten jedoch, am besten inklusive Verhaftung, wird man von Hunden, deren oberstes Zuchtziel Freundlichkeit des Wesens ist, nicht erwarten können. Eine Enttäuschung hierüber ist demnach völlig unangemessen.

Was haben Hunde gegen POSTBOTEN?

Das schwer belastete Verhältnis zwischen Hund und Postbote stellt leider ein nicht wegzudiskutierendes Faktum dar. Würde man sich einmal die Mühe machen, zu untersuchen, welche Hunderassen oder -typen auf die Anwesenheit des Postzustellers besonders ärgerlich reagieren, so könnte man mit Sicherheit feststellen, dass diejenigen, die insgesamt großen Wert auf das Ausleben ihrer Wachhundeambitionen legen, hier an vorderster Front stehen. Dabei sind diese Exemplare aus ihrer Sicht auch höchst erfolgreich: Sobald der unbekannte Eindringling seinen Fuß auf das fremde Terrain setzt, reicht es, laut und vernehmlich Krach zu schlagen, und schon flüchtet dieser binnen weniger Minuten. Dass der Briefträger ohnehin keinen längeren Aufenthalt eingeplant hatte, scheint den Hund hierbei ganz und gar nicht zu beeindrucken. Er verknüpft lediglich das Naheliegendste und verbucht für sich zunächst einen großen Erfolg. Doch frecherweise zeigt sich diese impertinente Person am nächsten Tag schon wieder im Eingangsbereich des hundlichen Refugiums. Da der Hund nicht dumm ist, greift er erneut zum bewährten Mittel der Vertreibung, und siehe da: Es funktioniert! Eine weitere Kerbe in den Hundekorb geritzt und die Behausung erneut vor feindlicher Übernahme gerettet. Was für ein traumhaftes Wachhundeleben!

Warum horten manche Hunde SOCKEN?

Hundefreunde, die gegen ihre Waschmaschine den Verdacht hegen, sie lasse Socken auf unerklärliche Weise verschwinden, täten einmal gut daran, die Schlafstätten ihrer Hunde zu durchforsten. Dabei käme bei dem einen oder anderen sicher so mancher schon längst abgeschriebener Strumpf zum Vorschein. In erster Linie neigen Hunde mit leichten Separations-, sprich Trennungsängsten zu solchen Verschleppungen. An Unterwäsche – vor allem dann, wenn sie bereits getragen ist – haftet aufgrund des direkten Körperkontakts der Individualgeruch des Trägers

auf besonders intensive Weise. Daher scheint diese für einige Hunde beim Alleinbleiben von weitaus größerem Trost zu sein als jeder noch so leckere Kauknochen. Besitzer von Hunden, die regelmäßig Wäschekörbe heimsuchen, werden daher bei dem Experiment, in greifbarer Nähe frisch Gewaschenes abzulegen, feststellen, dass ihr Tier dieses häufig unberührt lässt und weiterhin Getragenens bevorzugen wird.

Warum nur ziehen so viele Hunde an der LEINE?

Einer der Hauptstreitpunkte zwischen Mensch und Hund ist das Tempo, mit dem man sich an der Leine fortzubewegen hat. Und so wird der Erstgenannte nicht müde, Methoden und Hilfsmittel, die geeignet sind, dieses Problemfeld zu entzerren, zu erfinden und zu erproben. Und er wird mit großer Wahrscheinlichkeit auf diesem Gebiet auch weiterhin seinen Erfindungsreichtum zur Geltung bringen können, denn des Pudels Kern steckt hier eben zunächst einmal in der unterschiedlichen „Per pedes-Geschwindigkeit“ von Mensch und Hund. Das Laufraubtier Hund bewegt sich gemäß seiner Natur am liebsten trabend, was der mit Einkaufstaschen beladene Hundehalter in den seltensten Fällen bewältigt. Somit kommen bereits Hunde jenseits der Chihuahua- und Dackelbeinchen auf eine durchschnittliche Geschwindigkeit von sage und schreibe etwa 6 bis 14 km/h, während der gehende Mensch es nur auf 4 km/h bringt. Erinnern Sie sich an „Tip-Top“ aus Ihren Kindertagen? Bei diesem beliebten Auswahlverfahren stehen sich zwei Kinder, die gegnerische Mannschaften für ein Spiel zusammenstellen wollen, gegenüber. Sie bewegen sich aufeinander zu, indem sie dabei abwechselnd einen Fuß direkt und ohne Lücke vor den anderen stellen. Derjenige, dem es als Letztem gelingt, seinen Fuß in den noch verbliebenen Abstand zu setzen, hat das erste

Wahlrecht. Die Umstehenden geraten bei diesem Prozedere ob seiner Langsamkeit und Spannung, in welche Mannschaft man wohl gewählt werde und ob man nicht – peinlich, peinlich – bis zum Schluss übrig bleibe, in innere Aufregung. Stellen Sie sich nun vor, Sie müssten sich anstatt in Ihrer Alltagsgeschwindigkeit beim Laufen zum Bäcker in diesem „Tip-Top-Tempo" bewegen. So in etwa muss es unseren Hunden beim Laufen an der Leine ergehen. Erschwerend kommt hinzu, dass der Hund beim Ziehen an der Leine regelmäßigen Erfolg hat, weil sein Mensch schließlich beständig weiterläuft. Dennoch besteht kein Grund zur Verzweiflung. Hunde können diesen menschlichen Makel beim Reisetempo, an das sie sich ja gelegentlich anpassen müssen, durchaus kompensieren: Tägliche körperliche Bewegung auch ohne Leine und geistige Auslastung machen gelassen in Anbetracht solcher Unbillen des Alltags. Problematischer verhält sich die Sache allerdings, wenn ein Hund aus Stress oder Angst an der Leine zieht: Viele Hunde, die keine ausreichende Stadtsozialisation erfahren haben, werden zeit ihres Lebens mit einem Besuch in der Innenstadt am verkaufsoffenen Sonntag völlig überfordert und daher wenig leinenführig sein.

Haben gähnende Hunde zu wenig Schlaf?

... und 10 weitere Fragen zum faszinierenden Ausdrucksverhalten unserer besten Freunde.

Müssen Hunde das SCHWANZWEDELN erst lernen?

Das Schwanzwedeln ist das uns vertrauteste und selbstverständlichste Körpersignal des Hundes. Kaum zu glauben, dass es Phasen in der Entwicklung von Hunden gibt, in denen sie dieses Verhalten überhaupt nicht zeigen. Und dennoch: Frisch geborene Welpen wedeln nicht mit dem Schwanz. Sie beginnen damit frühestens ab der Phase der Zuwendung zur Außenwelt. Dafür gibt es eine plausible Erklärung: In den ersten Lebenswochen besteht das Dasein der Welpen fast nur aus Schlafen und Trinken. Ihre Brüder und Schwestern interessieren sie zu diesem Zeitpunkt vor allem als Wärmequelle. Erst später, wenn die Tiere beginnen, untereinander und mit dem Menschen zu interagieren, werden auch Kommunikationsmittel erforderlich, und so wird auch erst dann mit dem Schwanz gewedelt. Das heißt aber nicht, dass Hunde dies erst lernen müssten. Sie setzen das Schwanzwedeln nur erst dann ein, wenn es sinnvoll ist.

Ist ein schwanzwedelnder Hund immer FREUNDLICH gestimmt?

Um ein harmonisches Zusammenleben zwischen Mensch und Hund zu gewährleisten, ist ein fundiertes Grundwissen über die Sprache des jeweils anderen die beste Voraussetzung. Hunde meistern diese Aufgabe bravourös und kommen mit der Art, wie wir kommunizieren, bestens zurecht. Anders der Mensch. Er scheint die vereinfachende Tendenz zu haben, Hundesprache wie einstmals Lateinvokabeln in der Schule 1 : 1 übersetzen zu wollen. Der Hund, der knurrt = dominant, der mit dem Schwanz wedelt = freudig, der die Ohren zurücklegt = ängstlich. Möchte man Hunde tatsächlich verstehen und vor allem mögliche fatal ausgehende Missverständnisse vermeiden, muss man dem Glauben an eine eindimensionale Hundesprache jedoch abschwören. Hunde kommunizieren auf verschiedenen Ebenen: auf der optischen, der akustischen, der olfaktorischen (geruchlichen) und der taktilen Ebene. In jedem dieser Bereiche gibt es eine ungeheure und im Übrigen noch lange nicht vollständig erforschte Anzahl an Einzelsignalen. Diese Einzelsignale können nicht zusammenhanglos einem bestimmten Bedeutungsinhalt zugeschrieben werden. Erst die spezifische Situation und das Zusammenspiel mit weiteren Signalen aller Ebenen lassen einen Gesamtausdruck entstehen und erlauben eine Aussage über den emotionalen Zustand, die Motivationen und Verhaltensbereitschaften des Hundes. Da der Mensch in erster Linie ein Meister der optischen Wahrnehmung ist, steht ihm die Welt der mit den Augen wahrnehmbaren Hundesprache weitestgehend offen und so kann er aus Gestik, Mimik, Körpersprache und Blickkontakt des Hundes lesen. Dabei wird er schon allein bezüglich der Rute die verschiedensten Arten der Haltung, der Form (beides ist stark rasseabhängig) sowie der Bewegung in Abhängigkeit von der jeweiligen Situation und im Zusammenspiel mit anderen optischen Signalen erkennen können. Nutzt also auch der Mensch die ihm gegebenen Wahrnehmungsmöglichkeiten sowie seine hervorragende Kombinationsgabe, steht einem gegenseitigen Verständnis nichts mehr im Wege: Heftige Schwanzbewegungen zeigen, dass ein Hund stark erregt ist, nicht immer aber muss diese Erregung eine freudige sein.

Warum soll man fremde Hunde nicht ANSTARREN?

Durch einen tiefen Blick in die Augen in das Innerste eines Wesens einzudringen, dieser poetische Wunsch kann in gewissen Fällen buchstäblich ins Auge gehen. Innerhalb des hundlichen Drohverhaltens nämlich ist das starrende Fixieren des Gegners ein wesentlicher Bestandteil des Ausdrucksrepertoirs. Fühlt sich ein Hund insgesamt unsicher oder bedroht, so kann er ein festes Ansehen durchaus als Drohung, der womöglich ein Angriff folgt, empfinden. Hat ein solches Tier in der Vergangenheit noch gelernt, dass bestimmte Gesten des Menschen Schmerzen verursachen, so ist die Gefahr einer Attacke durchaus gegeben. Auch wenn sicherlich die Mehrzahl der Hunde in einem solchen Fall versuchen würde auszuweichen, ist es aus Sicherheitsgründen wenig ratsam, fremden Hunden, die sich nicht in eindeutig freundlicher Absicht nähern, in die Augen zu starren. Wissenschaftler haben nämlich herausgefunden, dass am häufigsten aus extremer Angst zugebissen wird.

Was bedeutet es, wenn Hunde „MUCKEN"?

Das Wort „mucken" ist schon seit dem 15. Jahrhundert nachweisbar, mit hoher Wahrscheinlichkeit aber noch wesentlich älter. Die Bedeutung dieses Wortes gibt bereits eine erste Vorstellung davon, was sich hinter ihm verbirgt: „Mit halb geöffnetem Mund Laute von sich geben, murren, aufbegehren, sich leise oder unwillkürlich bewegen." So weit das etymologische Wörterbuch des Deutschen. Würde man nun naheliegenderweise vermuten, hieraus wäre ein Fachterminus entstanden, der freches Benehmen umschreibt, wäre man auf der falschen Fährte. Bereits seit den 30er-Jahren bezeichnen Forscher eine ganz bestimmte Form infantiler Lautäußerungen mit diesem Wort.

Mucken meint kurze, tiefe und relativ leise Töne, die aufeinanderfolgen. Es hat im Hundelautrepertoire eine kurze Lebensdauer und kann nur während der ersten drei bis vier Lebenswochen gehört werden. Danach verschwindet es gänzlich. In der Kynologie gilt das Mucken im Gegensatz zum Winseln als Behagenslaut, den die Welpen gegenüber der Mutterhündin äußern.

Warum „singen“ Hunde bei SIRENENGEHEUL mit?

Das Mitsingen sowie die Begeisterung einiger Zweibeiner bei Plastikdosen-Popmusik erscheint vielen lediglich als schlechte, aber äußerst harmlose Angewohnheit, kaum der Beachtung wert. Anders beim Musikgeschmack unserer Hunde, die sich mitunter verleiten lassen, in das Geheul von Sirenen, in Glockengeläut oder Ähnliches mit einzustimmen; ein Verhalten, das man schwerlich mit mangelnder Kenntnis besserer Alternativen wie Beethovens Neunter oder Mozarts Requiem wird erklären können. Prinzipiell gilt zunächst, dass es sich beim Heulen um eine der ursprünglichsten Lautäußerungen

der Caniden handelt. Den Wölfen dient es zur Kommunikation innerhalb des Rudels sowie zur Kontaktaufnahme und Identifizierung über weite Entfernungen. Wie so viele Verhaltensweisen wölfischen Ursprungs hat das Heulen beim Hund keine zentrale Bedeutung mehr und kommt außerdem deutlich seltener vor. Manche Hunde heulen gar nicht mehr. Wissenschaftler nun haben festgestellt, dass Hunde selten initiativ heulen, sondern – anders als Wölfe – vor allem als Reaktion auf bestimmte Laute. Ansteckend kann das Heulen anderer Hunde sein, ein Wolfsheulen oder eben künstliches Heulen wie das eines Feuerwehrwagens. Manche Hunde lassen sich auch vom Menschen animieren: Auf einem Symposium trat vor einigen Jahren ein Referent mit seinen Chihuahuas auf. Um zu beweisen, dass es sich bei diesen sympathischen Kleinhunden um ebensolche Wolfsnachkömmlinge handelt wie bei großen Hunden, stimmte er ein täuschend echtes Wolfsgeheul an, in welches die kleinen Kerlchen unmittelbar und auf beeindruckende Weise mit einfielen.

Kennen auch Hunde ANGSTPIPI?

In Situationen der Anspannung und Aufgeregtheit, etwa vor Prüfungen oder unangenehmen Terminen, meldet sich beim Menschen die Blase oft im unpassendsten Moment: Angstpipi! In der Regel sieht man sich in solchen Lebenslagen mit bestimmten Autoritäten konfrontiert, von denen man sich just zu diesem Zeitpunkt abhängig fühlt: davon, dass die Prüfer die richtigen Fragen stellen, das Auditorium den im Schweiße des Angesichts verfassten Vortrag gnädig aufnimmt, die freundlichen Polizisten bei der Verkehrskontrolle die abgelaufene ASU-Plakette nicht bemerken. Bestimmte, besonders unterwürfige Hunde zeigen ganz ähnliches Verhalten. Bei der Begrüßung durch den Menschen, den diese so gearteten Hunde offenbar als Furcht einflößend empfinden, ducken sie sich ab oder werfen sich auf den Rücken und urinieren. Beim Hund „fließt" hier einiges zusammen: Das demütige „Auf-dem-Rücken-Verharren" wird auch als passive Unterwerfung bezeichnet und ist dem Hund seit frühester Kindheit bekannt. In den ersten drei Wochen seines Lebens erfolgt das Urinieren genau in dieser Körperhaltung, und zwar rein reflektorisch ausgelöst durch das Anregen der äußeren Anogenitalorgane. Die Mutter beleckt den Bauch der Jungen so lange, bis diese sich entleeren. Die Rückenlage gehört weiterhin als Unterwerfungsritual zum natürlichen Ausdrucksverhalten von Hunden jedweden Alters; dabei Pipi zu machen verliert sich hingegen normalerweise. Sehr unterwürfige Exemplare jedoch können dieses Verhalten beibehalten, verstärken es oft sogar, weil der Mensch ärgerlich wird, was den ohnehin instabilen Hund noch mehr verunsichert. So wie der Mensch den Drang in seiner Blase nicht dadurch verliert, dass ein Prüfer ihm hochnäsig völlige Unfähigkeit attestiert, so ist auch die Bestrafung von Verhaltenweisen, die ihre Wurzeln in der Unterwürfigkeit des Hundes haben, sinnlos und kontraproduktiv.

Haben gähnende Hunde zu wenig SCHLAF?

Hunde müssen uns zuliebe auf viel verzichten: das Taubenjagen im Park, das Bepinkeln des nachbarlichen Autoreifens, das intensive Beschnuppern der hundeallergischen Erbtante. Der Verzicht auf ausreichend Schlaf aber gehört in der Regel nicht dazu. Und doch scheinen sie gelegentlich aus dem Gähnen gar nicht mehr herauszukommen. Was also steckt dahinter? Die Voraussetzung für einen gähnenden und doch ausgeschlafenen Hund ist zunächst einmal ein Konflikt. Klassischerweise handelt es sich hierbei oft um Konflikte zwischen Gehorchenmüssen auf der einen und Eigeninteresse auf der anderen Seite. Das

Markieren eines Autos kann für einen Hund von höchstem Interesse sein, insbesondere wenn bereits ein Vorgänger dort seine Duftmarke hinterlassen hat. Die geballte Faust am Fenster des Nachbarn zwingt den Hundebesitzer, seinen Liebling am Markieren zu hindern, und schon zeigt der Hund eine Reaktion, die nicht zur Situation passt: Er gähnt. Man nennt diese unpassenden Reaktionen auch Übersprungshandlungen. Die ursprünglich intendierte Handlung kann vom Hund nicht ausgeführt werden, und so zeigt er etwas, was mit dem eigentlichen Geschehen überhaupt nichts zu tun hat. Doch Hunde gähnen nicht nur zum Ersatz. Häufig kommen die gezeigten Ersatz- oder Übersprungshandlungen aus dem Formenkreis der Nahrungsaufnahme oder dem Körperpflegeverhalten wie das ausgiebige Kratzen. Ein Beispiel dafür ist der im Haus befindliche Jagdhund, der draußen eine Katze registriert. Beim aufgeregten Hin- und Herlaufen im Wohnzimmer kann er seiner eigentlichen Mission nicht nachgehen, und so hält er mehrfach inne, um sich ausgiebig zu kratzen oder aber zu gähnen.

Wozu zeigen Hunde DEMUTSPOSEN?

Beim Vergleich unseres Haushundes mit der Katze fällt vor allem eines auf: Der Hund verfügt über ausgeprägte Demutsposen, die in entsprechenden Situationen mehr oder weniger stark gezeigt werden. Häufig wurde daraus – oft abwertend – eine generelle Unterwürfigkeit des Hundes dem Menschen gegenüber abgeleitet, zu der die Katze nicht bereit sei. Nüchtern betrachtet jedoch handelt es sich um die kluge Überlebensstrategie eines Tieres, das aufgrund seiner sozialen Struktur eben kein Einzelgänger, sondern immer Gruppenmitglied ist und sich daher zum eigenen Wohl auch als ein solches verhält. Mit der Einnahme von Demutshaltungen zeigen Hunde nicht nur dem Menschen, sondern auch Artgenossen gegenüber, dass sie den höheren Status ihres Gegenübers uneingeschränkt akzeptieren. Innerhalb eines Wolfsrudels wirkt dies übrigens unmittelbar aggressionshemmend und ist somit überlebenswichtig. Unterwürfiges Benehmen herablassend zu bewerten, sich aber gleichzeitig seiner sonstigen hochsozialen Fähigkeiten zu bedienen, würde der Hund selbst, danach befragt, auf einer Rangliste menschlicher Ungerechtigkeiten sicherlich recht weit oben ansetzen.

Warum scharren Hunde nach dem „MARKIEREN“?

Bei manchen Hunden könnte man auf die Idee kommen, sie hätten eine besondere Portion Anstand mit auf den Weg bekommen. Kaum haben sie ihr Häufchen abgesetzt, sind sie eifrigst bemüht, ihre Hinterlassenschaft durch Scharren mit den Hinterbeinen mit Laub und Erde zu bedecken. Doch ein weiteres Mal liegt man völlig falsch, wollte man dieses Verhalten als Wohlanständigkeit deuten und sich ob der eigenen Erziehungsbegabung auf die Schultern klopfen. Diese Scharrbewegungen, die man auch nach dem Urinieren häufig beobachten kann, sind tatsächlich nämlich reines Imponiergehabe, welches ein besseres Verteilen der im Urin vorhandenen Duftstoffe beabsichtigt. Sogenanntes Imponierscharren wird vor allem von selbstbewussten Rüden ausgeführt, wobei manchen die Bewegung mit den beiden Hinterbeinen offensichtlich nicht ausreicht. Abwechselnd mit allen vier Pfoten und hocherhobener Rute wird gescharrt, was das Zeug hält. Ebenso wie mit dem Markieren, das dem Scharren vorausgeht und zu demselben Verhaltensformenkreis gehört, demonstriert der Hund mit diesem Benehmen seinen sozialen Status, was insbesondere in Gegenden mit großer Hundedichte Anlass sein kann, dieses Verhalten in gesteigerter Form zu zeigen.

Warum zeigen manche Hunde bei der Begrüßung die ZÄHNE?

Da versteh einer seinen Hund! Bei der Rückkehr nach Hause zeigt er alle optischen und akustischen Anzeichen echter Begeisterung ... und bleckt die Zähne! Gefällt ihm nicht, dass Herrchen und Frauchen so lange abwesend waren, und will er damit gleichzeitig zur freudigen Begrüßung sein Missfallen zeigen? Weit gefehlt! Das Zähnezeigen des Hundes bei der Begrüßung seiner Menschen wird als

„Lächeln“ oder „Lachen“ bezeichnet. Diese haushundetypische Mimik ist eine Errungenschaft der Domestikation und wird in der Regel nur dem Menschen gegenüber bei leicht unterwürfiger Kontaktaufnahme gezeigt. Manche Forscher sind der Meinung, der Hund habe sich hierbei dem Ausdrucksverhalten des Menschen angepasst, sich also unser „Lächeln“ mehr oder weniger abgeschaut. Der Hund ist zwar das einzige Haustier, welches „lächeln“ kann, aber längst nicht alle Vierbeiner zeigen diese Verhaltensweise. Häufig sind vor allem „lächelnde“ Dalmatiner und Pudel.

Warum laufen Hunde manchmal, als hätten sie einen STOCK verschluckt?

Bei Spaziergängen mit dem Hund erkennt man diesen oftmals von einer auf die andere Sekunde nicht mehr wieder: Eben noch lässig und locker schlendernd, stakst er plötzlich mit der Beweglichkeit eines arthritischen Preisboxers daher. In der Regel ist es das Auftauchen eines Artgenossen, das ihn zu dieser wenig eleganten Bewegungsweise veranlasst. Dieses interessante Körpersignal gehört innerhalb der hundlichen Kommunikation in den Formenkreis des Drohens. Die bis zum Anschlag gestreckten Gliedmaßen, die einen solch hölzernen Gang bewirken, sollen der tatsächlichen Größe noch ein paar Zentimeter hinzumogeln. Demselben Zweck dient übrigens das Sträuben der Haare im Bereich von Hals und Nacken. Der Drohung muss aber keineswegs ein Angriff folgen. Auch wenn bei Hunden dieses Drohverhalten nicht mehr in derselben Zuverlässigkeit wie bei Wölfen dazu dient, kämpferische Auseinandersetzungen zu vermeiden, belassen es doch auch viele Hunde lieber beim Säbelrasseln.

Braucht mein Hund einen eigenen Freizeitparcours?

... und 11 weitere Fragen rund um Freizeit, Beruf und Rundherum-Wohlfühlprogramm für den Hund.

Brauchen Hunde HOBBYS?

Wurde man vor nicht allzu langer Zeit noch hinter vorgehaltener Hand belächelt, wenn man mit seinem Hund eine Hundeschule besuchte, so gehört mittlerweile nicht nur professionelle Erziehung zum guten Hunde-Knigge. Hundebesitzer, zu deren Grundausstattung nicht mindestens ein halber Agilityparcours sowie eine Flyball-Maschine zählen, geraten schnell ins soziale Abseits, und ihre Hunde bekommen gar keinen Besuch mehr. Doch Scherz beiseite. Was brauchen Herr, Frau und Hund? Freizeitgestaltung: ja, Freizeitstress: nein. Wie aber erkennt man, was dem Hund gut tut und wonach er womöglich geradezu verlangt? Die meisten Tiere bieten gemäß ihrer rassespezifischen und vor allem individuellen Veranlagung etwas an, worauf man eine sinnvolle Beschäftigung stützen kann, und daran sollte man sich bei der Auswahl des passenden Hobbys für den Hund orientieren, bevor man eine eher geschwindigkeitsunlustigen Bernhardiner in eine Agilityröhre stopft, einen Dackel zum Stabhochsprung antreten oder den Basset beim Dog Dancing Pirouetten drehen lässt. Sowohl die körperlichen Fertigkeiten als auch die Motivation des Tieres müssen auf der Suche nach der richtigen Beschäftigung im Vordergrund stehen. Dennoch gibt es immer wieder Hunde, die für rein gar nichts zu begeistern sind, trotz tollster Angebote und Motivationsverrenkungen ihrer Menschen, was ohne schlechtes Gewissen akzeptiert werden sollte.

Wie sieht das passende Freizeitprogramm für den WELPEN aus?

Fußballtraining, Karate, Musikschule. Die meisten Menscheneltern verbringen viel Zeit in Autos auf den Straßen der Welt, um ihre Zöglinge rechtzeitig an den verschiedensten Freizeitangeboten teilhaben lassen zu können. Genau der richtige Zeitpunkt, um zwischen Absetzen beim Geigenlehrer und Hinterhertragen der Fußballschuhe noch etwas Freizeit für den neu erworbenen Welpen zu gestalten. Beim Freizeitprogramm für den jungen Hund sollte Sozialisationstraining im weitesten Sinne im Vordergrund stehen, d. h., gewöhnen Sie den Welpen behutsam an alles, was er später tun bzw. lassen soll. So können Sie beispielsweise den Hund wenige Minuten beim Geigenspiel zuhören lassen, so gewöhnt er sich gleich an fremdartige und unter Umständen auch unangenehme Geräusche. Während der restlichen Übungszeit des Kindes trainieren Sie gemeinsam mit Ihrem neuen Freund geduldiges Warten und dass man nicht immer im Mittelpunkt steht. Bei der Fahrt zum Fußballtraining können beide Zöglinge lernen, dass am Ende einer Autofahrt ein angenehmes Erlebnis wartet: Bolzen fürs Kind, Spaziergang mit Spiel fürs Tier. Auf der Fahrt nach Hause, auf der das Kind heult, weil es daheim in die Badewanne soll, und der Hund jammert, weil er lieber auf Ihrem Schoß sitzen möchte, lernen beide, dass Ihre Belastbarkeit Grenzen kennt, Sie auch mal energisch werden können und außerdem konsequent durchziehen, was einmal angekündigt bzw. verfügt wurde. Die abendliche Müdigkeit aller Beteiligten beweist Ihnen, dass Sie bei der Freizeit- bzw. Sozialisationsgestaltung erfolgreich waren.

Wir haben so einen schönen Garten – wozu **SPAZIEREN** gehen?

Die meisten Gartenbesitzer führen ihre Vierbeiner pflichtbewusst und regelmäßig in Wald und Wiese spazieren. Doch gibt es auch hundebesitzende Zeitgenossen, denen die Doppelbelastung als Garten- und Hundebesitzer arg zusetzt und die sich daher die Meinung zugelegt haben, der Garten reiche als Aufenthalts- und Bewegungsparadies für den Hund völlig aus. Beobachtet man einmal solche Dauergartenhocker über einen längeren Zeitraum, stellt man fest, dass sie entweder gar nichts tun oder Dummheiten machen. Ersteres ist dadurch zu erklären, dass Hunde sich insgesamt selten spontan nur um der Bewegung willen bewegen. Eine Ausnahme bilden Stereotypien wie das äußerlich unmotivierte, stupide und gleichförmige Hin- und Herlaufen am Zaun, das allerdings als Verhaltensstörung zu betrachten ist. Der Mangel an Bewegungsspontaneität von Hunden hängt sicherlich mit ihrer großen Anpassungsfähigkeit zusammen. Hunde benötigen Impulse von außen, um sich Bewegung zu verschaffen, womit wir bereits bei den Dummheiten wären. Vom Hund unerwünschte Zaungäste werden verbellt, was eine Steigerung hundlicher Lautäußerungen durch Lernen am Erfolg fördert; andere tierische Gartenbesucher werden in die Flucht geschlagen, womit der Jagdtrieb gehegt und gepflegt wird, und überhaupt werden alle Entscheidungen ohne Absprache mit dem Menschen getroffen, was eine souveräne und selbstständige Gleichgültigkeit diesem gegenüber ermöglicht. Egal, ob der Hund im Garten nur herumgammelt oder einen von außen hervorgerufenen Aktionismus zeigt, die Konsequenzen sind in beiden Fällen negative, und zwar für Mensch und Tier. Der zur Passivität verdammte Hund bekommt zu wenig Bewegung, bleibt körperlich, aber auch geistig unausgelastet, da er keine Gelegenheit hat, neue Außenreize aufzunehmen. Er kennt den Geruch eines jeden Grashalmes in seinem Garten und wahrscheinlich auch jeden Maulwurf persönlich mit Vor- und Zunamen. Im zweiten geschilderten Fall kultiviert der Hund jede Menge Eigenschaften, die dem Menschen an anderer Stelle große Probleme bereiten können.

Braucht der Seniorenhund ein spezielles ANTI-AGING-Training?

Auch wenn es unsere sogenannte fortschrittliche Zeit nicht gerne hören mag, in vergangenen Epochen war man – was den Umgang mit bestimmten Unabänderlichkeiten angeht – klüger als heute. Das Barockzeitalter beispielsweise erinnerte den Menschen durch sein in Kunst und Alltag allgegenwärtiges *Memento mori* daran, dass er und alle Lebewesen sterblich sind. Dieser Mahnung stellte man ein sinnenfrohes, lebensbejahendes *Carpe diem* – nutze den Tag – gegenüber. Die erste dieser Formeln hat die Gegenwart weitgehend aus ihrem Bewusstsein gestrichen, ein Indiz dafür ist der florierende Markt mit Wellness und Anti-Aging-Produkten, die suggerieren, man könne sich dem Alterungsprozess wie einer ansteckenden Krankheit entziehen und Wohlbefinden kaufen, anstatt es sich zu erwerben. Es scheint nur noch eine Frage der Zeit zu sein, wann diese Welle auch über den Hund mitsamt Besitzer schwappt. Aus den barocken Formeln hingegen lassen sich im Kampf gegen das Alter Handlungsmaximen wesentlich wert- und wirkungsvollerer Art ableiten: Man akzeptiere, was ist, und nutze ohne Selbstbetrug die Möglichkeiten des Lebens. Amerikanische Wissenschaftler haben festgestellt, dass altersbedingte Verhaltensänderungen bei Hund und Mensch ganz ähnlich verlaufen. Im Alter fließen Informationen deutlich langsamer. Bei einem jungen Hund geht man von einer Geschwindigkeit von 360 km/h aus, bei älteren hingegen von nur noch 80 km/h. Die Stoffwechselrate ist deutlich verlangsamt, die Effizienz der Nervenzellen nimmt ab, die Sauerstoffversorgung des Gehirns verschlechtert sich, wovon vor allem das Langzeitgedächtnis betroffen ist. Die Schärfe der Sinne lässt nach, Muskeln nehmen an Größe und Masse ab, ebenso das Gehirn; Knochen und Gelenke leiden unter Verschleißerscheinungen. Einige alternde Hunde zeigen Wesensveränderungen wie Angst vor dem Alleinsein. So weit zu dem, was zu akzeptieren ist. Was den geistigen Alterungsprozess betrifft, so scheint dieser stark an individuelles Verhalten – beim Menschen wie beim Hund – gebunden zu sein. Geistig und sozial aktive Menschen, die viel lesen, lebenslanges Lernen praktizieren, Spiele spielen, in denen es um das Lösen von Problemen geht, leiden weitaus weniger an Funktionsverlusten des alternden Gehirns und Geistes. Die Möglichkeiten des Einflusses sind hier also evident und müssen – *Carpe diem* – genutzt werden. Der alternde Hund sollte – gemäß seiner Möglichkeiten – weiterhin regelmäßig auch geistig und körperlich gefördert und seine Sinne angeregt werden. Leichte Tricks und Suchspielchen, bei denen kein Geschwindigkeitsrekord gebrochen werden muss, können bis ins hohe Alter als Gehirnjogging gute Dienste leisten. Die Gabe von Betacarotin, Vitamin E und Selen scheint ebenfalls von positivem Einfluss zu sein. Forscher ernährten jeweils eine Gruppe von Beagles unter zwei Jahren und eine Gruppe mit Tieren über neun Jahren sechs Monate lang mit Antioxidantien. Danach wurden die geistigen Fähigkeiten aller Probanden untersucht. Wie zu erwarten – und damit sind wir wieder beim Unabänderlichen – lernten die älteren Hunde deutlich langsamer. Doch es gab einen entscheidenden Unterschied innerhalb der Seniorengruppe. Nicht alle, sondern nur die Hälfte von ihnen hatte angereichertes Futter erhalten, und diese lieferten auch die besseren Testergebnisse. Eine Folgeuntersuchung verknüpfte die Fütterung von einem an natürlichen Antioxidantien reichen Futter mit fast täglicher – *Carpe diem* – geistiger Anregung.

Auch hier wurde eine deutliche Verlangsamung des Alterungsprozesses festgestellt. Man nutze also die Möglichkeiten – und die Weisheit vergangener Tage.

Brauchen auch Hunde einen WINTERMANTEL?

Modetorheiten sind eine weitverbreitete und durchaus nicht ungefährliche Erkrankung der Neuzeit. Ungeachtet der Wetterverhältnisse setzen vernunftbegabte Menschen ihre Bäuche und Hüften jeglicher Witterung aus, muten ihren unteren Körperteilen Einschneidendes zu oder tragen mitunter Schuhe, die die Errungenschaft des aufrechten Gangs in Abrede stellen zu wollen scheinen. Die Ansteckung des Hundes mit diesem Virus war aufgrund seiner engen Verbundenheit mit dem Menschen nur eine unausweichliche Frage der Zeit. Besonders überbehütende Kleinhundebesitzer standen lange im Verdacht, dessen Verbreitung Vorschub geleistet zu haben. Doch endlich kann der Kleinhundebesitzer bei der Schuldfrage teilentlastet werden. Zumindest was das Tragen eines Mäntelchens angeht, ist dies für kleine Hunde keineswegs nur modischer Firlefanz und die Beobachtung betroffener Besitzer: „Der friert aber“, nicht nur politisch völlig korrekt. Gerade kleine Hunde, aber auch kurzhaari-

ge dünnhäutige wie Windhunde ohne Unterwolle und ältere Hunde, geben sehr schnell Wärme ab, ebenso verletzte Tiere und Welpen. Damit besteht die Gefahr, dass die Körpertemperatur unter den Normalwert von 38,3–39 Grad Celsius sinkt. Unterkühlungen und sogar im schlimmsten Fall Erfrierungen sind dann möglich. Somit ist ein Mäntelchen bei Hunden, die ab einer bestimmten Außentemperatur mit Zittern und Muskelsteifheit reagieren, alles andere als sinnlos.

Welche Hunde eignen sich für AUSDAUERJOGGING?

Für sportliche, bewegungsfreudige Menschen ist ein Hund, der bei ihren Aktivitäten mithalten kann, sehr wichtig. Gemäß dem Trend der Zeit ist auch der Sportsfreund mit vierbeinigem Anhang häufig verunsichert und fragt sich, ob er sein Tier bei gemeinsamen Joggingtouren nicht überfordert. Dabei ist das normale Fortbewegungstempo eines gesunden Hundes das Traben, und was die Ausdauer angeht, so ist der sportlich geübte Hund einem ebenso geübten Langstreckenläufer durchaus ebenbürtig. Allerdings ist dieses Niveau nur von einem anatomisch hierfür geeigneten Hund zu erreichen. Nach längeren Ausflügen von mehreren Stunden jedoch brauchen Hunde in der Regel eine ganze Weile zu Regeneration: So benötigten Schäferhunde, die 50 km trabend zurückgelegt hatten, eine Erholungsphase von 10–12 Stunden. Bei hohen Temperaturen muss der Ausdauerjogger auf seinen Hund Rücksicht nehmen, da dieser auf Hitze weitaus empfindlicher reagiert als der Mensch. Man hat festgestellt, dass Schlittenhunde mit einem Durchschnittsgewicht von etwa 25 Kilo die beste Ausdauer haben und dabei mit Wärme und Kälte besser zurechtkommen als ihre leichteren und schwereren Rassegenossen. Doch nicht nur nordische Hunde haben an der trabenden Form der Freizeitgestaltung große Freude. Begeisterte Langstreckenläufer kann man nach entsprechendem Konditionsaufbau aus fast allen Hunden machen, die sich prinzipiell gerne bewegen und körperlich fit genug sind.

Warum sind manche Hunde nur solche SPIELVERDERBER?

Beim Betrachten der Wohnstätten mancher Hunde fühlt man sich unwillkürlich an einen Besuch im Disneyland erinnert. Pädagogisch wertvolles Holzspielzeug, Quietsch- und Gummitiere in den fantastischsten Formen und Farben, Tennis- und sonstige Bälle in unüberschaubaren Mengen, und mittendrin – ein völlig gelangweilter Vierbeiner. Hundebesitzer in tiefer Verzweiflung, weil der Hund die gesammelte Kollektion an artgerechtem Spielzeug verschmäht, vervollständigen das Bild auf eine anrührende Weise. Gründe dafür gibt es – wie immer, so auch hier – viele und wunderfeine. Sogenanntes objektbezogenes Spiel bedeutet für die meisten Hunde Beute machen. Dazu muss sich die Beute, sprich das Spielzeug, aber auch wie eine Beute verhalten, sich vom Hund wegbewegen, zappeln, Geräusche machen, sich verstecken. Das kann ein Spielzeug aber nun mal nicht von allein, sondern nur, wenn es vom Menschen zielgerichtet eingesetzt wird. Die allerwenigsten Hunde spielen über einen längeren Zeitraum solitär. Der schönste Kongball nützt dem Hund also gar nichts, wenn der Mensch nicht mitspielt. Weitere Punkte, die dazu führen können, dass sich der Hund spielunlustig verhält, sind Überangebot und ständige Verfügbarkeit. Die Attraktivität eines Spielzeugs steigert man vor allem damit, dass man es unter Verschluss hält. Hunde, die im Welpenalter objektbezogenes Spiel mit dem Menschen nicht kennengelernt haben, stehen im späteren Leben häufig recht ratlos vor entsprechenden Angeboten. Darüber hinaus gibt es auch Rassen – so zum Beispiel unter den Herdenschutzhunden –, die im ausgewachsenen Zustand die Beschäftigung mit einer quietschenden Gummigurke als völlig unter ihrer Würde erachten.

Müssen Hunde den ganzen Tag „BESPASST" werden?

Hunde wie Menschen gewöhnen sich schnell an das Angenehme, das Durchschnittliche und leider auch an das Schlechte. Somit ist die Art und Weise, wie man sich unter verschiedenen Lebensbedingungen verhält oder oft auch einfach nur funktioniert, nicht immer geeignet, brauchbare Rückschlüsse zu ziehen. Es gab und gibt Tausende Hunde, die unter schlechten Bedingungen leben, soziale Isolierung zu ertragen haben, mangelnden Auslauf oder körperliche Härte erdul-

den müssen. Trotzdem verhalten sich die meisten dieser Tiere nicht auffällig, was noch lange nicht heißt, dass ihre Haltung eine akzeptable ist, auch wenn die dazugehörigen Besitzer davon mit Sicherheit ausgehen. Eine Vielzahl von Hunden lebt das andere Extrem: Nicht nur die Tages-, sondern auch die komplette Lebensplanung ist auf das Tier abgestimmt, und sobald man einmal etwas weniger Zeit zur Verfügung stellen kann, regt sich das schlechte Gewissen beim Menschen und der auffällige Unmut beim Hund. Während man im erstgenannten Fall das Gute und Richtige durch die Unauffälligkeit im Verhalten des Hundes bewiesen sieht, macht man im zweitgenannten die Auffälligkeit zum Maßstab des richtigen Handelns und glaubt daraus ableiten zu können, dass der Hund den ganzen Tag mit Freizeitprogramm beglückt werden muss. Beide Situationen sind trotz gänzlicher Verschiedenheit durch eine Tatsache vereint: die Gewöhnung beim Hund. Im Falle der Vernachlässigung kündigen viele Hunde innerlich und tragen ihre Frustration nicht nach außen. Hunde dagegen, die den ganzen Tag mit Spiel und Spaß versorgt werden, entwickeln oft eine Anspruchshaltung, die auch „formuliert“ wird, sobald das gewohnte Programm ausbleibt.

Wie beschäftigt man den Hund bei DAUERREGEN?

Da hat man sich wochenlang auf die Ferien auf dem Bauernhof mit eigenem Freizeitparcours für den gestressten Hund gefreut, und nun das: Es regnet seit Tagen Bindfäden, und der Urlaub ist bereits im Voraus bezahlt. Schnüffelstunden können nun jedoch einen guten Ausgleich schaffen. Da der Appetit des Hundes als Folge aus einem Weniger an Bewegung ohnehin reduziert sein dürfte, kann man zunächst ruhig einmal die eine oder andere Mahlzeit ausfallen lassen. So erhöht man die Futtermotivation des Tieres und kann ihm anschließend

durch die aufregende Suche nach Fressbarem etwas Langeweile nehmen. In einem Ferienzimmer sieht es bei durch Regen erzwungenem Daueraufenthalt sowieso nach kurzer Zeit wie bei Hempels unterm Sofa aus, sodass sich vielfältige Versteckmöglichkeiten bieten. Zu Beginn darf der ungeübte Hund beim Verstecken eines (kleinen!) Happens ruhig zusehen. Um die Motivation zu erhöhen, soll er bei der Suche gehörig angefeuert werden. Mit jedem Mal verstecken Sie nun etwas schwieriger und lassen den Hund dann auch nicht mehr zuschauen. Sie werden feststellen, dass ihn dies ganz schön in Wallung bringt! Die Richtlinien der professionellen Fährten- und Sucharbeit machen deutlich, wie anstrengend Nasenarbeit für Hunde ist. So erhöhen sich nach langer Fährte die Körpertemperatur, der Herzschlag und die Atmung des Tieres. Normalwerte werden erst nach etwa eineinhalb Stunden wieder erreicht, und so wissen die Profis auch, dass man Hunden unmittelbar nach der Nasenarbeit keine weitere Anstrengung abverlangen darf. Neben der körperlichen Auslastung fordert diese Tätigkeit den Hund aber auch geistig, da Spürarbeit bei ihm in erster Hinsicht eine Gehirnleistung darstellt. Selbstverständlich bieten sich Schnüffelstunden auch zur sinnvollen Beschäftigung für trübe Tage zu Hause an

RIECHEN Hunde immer gleich?

Das geübte Auge des Hundefreundes erkennt ihn auf der Stelle: den Hund, der Witterung aufgenommen hat und sich sogleich anschickt, auf Fährte zu gehen. Dabei setzen Hunde ihr berühmtes Näschen keineswegs auf nur ein und diesselbe Weise ein. Je nach Individuum, aber vor allem rassespezifisch, gibt es bedeutende Unterschiede bei der „Nasenorientierung“. Auch die gerade vorherrschenden Bedingungen spielen eine gewichtige Rolle. So können Hunde eine Spur dadurch verfolgen, dass sie die Fährte am Boden direkt lesen. Hierbei erfolgt die Orientierung am Geruch eines jeden einzelnen Trittes und vor allem an der hinterlassenen Bodenverletzung. Im zweiten Fall folgt der Hund, ebenfalls mit der Nase am Boden, eher dem Individualgeruch, den ein Mensch oder Tier hinterlässt. Das ist ganz buchstäblich zu verstehen, denn ein Lebewesen hinterlässt seine Spuren überall in der Form von millionenfachen Hautpartikeln. Diese winzigen Partikel tragen den individuellen Eigengeruch ihres ehemaligen Besitzers, da sie mit Schweiß und Zersetzungsprodukten von Bakterien besetzt sind. Einer dritten Möglichkeit bedienen sich diejenigen Hunde, die mit hocherhobenem Kopf Witterung und dabei den Geruch aus einer größeren Entfernung über die Luft aufnehmen.

Wie sah die FREIZEITGESTALTUNG von Hunden vergangener Tage aus?

Zumindest in unseren Breitengraden gibt es mittlerweile Möglichkeiten der Freizeitgestaltung für den Hund, von denen Hunde vergangener Zeiten – denen der Begriff der Freizeitgestaltung streng genommen natürlich ebenso unbekannt war wie ihren Besitzern – kaum zu träumen gewagt hätten. Dennoch dürften die damaligen Hunde Langeweile kaum gekannt haben, denn außer den üblichen und allgemein bekannten Aufgaben des Hütens und Bewachens kannten sie noch eine Menge heute in Vergessenheit geratener Tätigkeiten. Der Hund als Zugtier ist bis ins 20. Jahrhundert als Pferd des kleinen Mannes wesentlicher Bestandteil deutscher Wirtschafts- und Sozialgeschichte. Im 19. Jahrhundert ist der schubkarrenziehende Hund als Nutz- und Hilfskraft auf dem Bauernhof eine verbreitete Erscheinung, in der zweiten Hälfte des 19. Jahrhunderts taucht mit dem vierrädrigen Wagen ein neuer Karrentyp auf, der vor allem in den Städten als Frischmilchanlieferer ein vertrauter Anblick ist. Doch auch Bäcker, Metzger, Lumpensammler und Scherenschleifer griffen auf diese Transportmöglichkeit zurück. Erst im Jahre 1936 findet sich eine Entschließung des internationalen Tierschutzkongresses in Brüssel, nach der Hunde nicht mehr zum Ziehen verwendet werden sollten, da sie aufgrund ihrer körperlichen Beschaffenheit nicht für derartige Arbeiten geeignet seien. Eine weitaus unangenehmere Aufgabe dürfte die Arbeit im Laufrad gewesen sein, bei der man die Laufkraft des Hundes ausnutzte, um Energie zu gewinnen. Der „Laufradhund“ hielt in Schmiedebetrieben die Blasebälge in Betrieb; auch bei der Butterherstellung kam er zum Einsatz. Das Mittelalter kannte zudem den „Drehspießhund“. Ebenso wie der Hund im Laufrad auf bestimmte Weise eingespannt, musste er im Kreis laufend dafür sorgen, dass das aufgespießte

Fleisch von allen Seiten gebraten wurde. So war er zwar an der Zubereitung des Bratens beteiligt, dürfte aber in den seltensten Fällen etwas von demselben abbekommen haben.

Was sind die neuesten HUNDEJOBS?

In den vergangenen Jahren hat man neben bereits verbreiteten Betätigungsfeldern für Hunde noch weitere geöffnet, die heute sicherlich genauso in Erstaunen versetzen, wie der Anblick des ersten Blindenführhundes seinerzeit. Seit einiger Zeit werden Hunde vor allem in Nordamerika als Schimmelpilzsuchhunde eingesetzt. Da die Menschen dort einen Großteil ihres Lebens innerhalb geschlossener Gebäude verbringen, ist die Gesundheitsgefährdung durch Asthma Hautausschläge und andere Erkrankungen der Atemwegssysteme bei Schimmelpilzbefall besonders hoch. Speziell trainierte Hunde lokalisieren diesen Befall recht schnell und sorgen somit dafür, eine akute Gesundheitsgefährdung für den Menschen zu eliminieren. Insektensuchhunde tragen ebenfalls in den USA dazu bei, die jährlichen Schäden von Termiten, die astronomische Höhen von mehreren Milliarden betragen, zu verringern. Anders als menschliche Inspektoren, die in der Regel einen Befall erst nach sichtbaren Schäden feststellen können, sind Hunde in der Lage – selbstverständlich nach entsprechendem Training –, Termiten am Duft zu erkennen und anzuzeigen. Doch auch als Insektenschützer kommen Hunde – wie könnte es anders sein – im Land der unbegrenzten Möglichkeiten zum Einsatz. Es gibt unter Bienen eine sich rasch ausbreitende Seuche mit dem an Zahnerkrankungen erinnernden Namen Varroatose. Diese rafft bei Befall ganze Bienenstöcke dahin; Imker erkennen die Anzeichen oftmals erst, wenn es zu spät ist. Ausgebildete Hunde können mit enorm hoher Trefferquote angeblich bis zu 200 Bienenstöcke am

Tag untersuchen. Werden befallene Stöcke sofort desinfiziert, können die Honiglieferanten gerettet werden. Ein weiteres, hochinteressantes und vom Menschen erst möglich gemachtes Einsatzgebiet liegt auf dem Feld der Verbrechensbekämpfung. Auch hier ist Amerika Vorreiter, was aber vor allem daran liegen mag, dass die jährliche Anzahl an Brandstiftungen mit etwa 75.000 Gebäuden enorm hoch ist. Und so trainiert man Hunde, insbesondere Labrador Retriever, darauf, unterschiedliche Substanzen zu finden, mit denen ein Feuer gelegt werden kann. Viele Versicherungen haben naturgemäß ein großes Interesse daran, eine Brandstiftung nachzuweisen, und beschäftigen inzwischen eigene solcher Brandhunde. Auch in der Krebsfrüherkennung finden Hunde mittlerweile neue Aufgaben. Beim Erschnuppern von Hautkrebs gibt es ebenso ermutigende Ergebnisse wie im Falle des gefährlichen Prostatakrebses, bei dem Hunde offensichtlich imstande sind, am Uringeruch bereits im Vorstadium eine Erkrankung zu erkennen. Etwas länger schon bekannt sind die Einsatzmöglichkeiten von Hunden bei der Bekämpfung von Landminen, bei denen sich mechanische und elektronische Geräte wohl nicht im Entferntesten mit Minensuchhunden messen können. Landminen werden selbst noch unter schwierigsten Bedingungen von Hunden geortet. Bei militärischen Versuchen vergrub man Minen, beließ sie wochenlang in der Erde, goss Öl auf die entsprechenden Stellen und streute, um die Verwirrung perfekt zu machen, Munition darüber. Die Minensuchhunde wurden dennoch fündig.

Darf der Briefträger Hundebesitzern die Postzustellung verweigern?

... und 15 weitere Fragen aus Geschichte, Statistik, Jurisprudenz.

Welches war das ERSTE Buch über Hunde?

Als Schüler mag man sich im Geschichtsunterricht häufig gefragt haben, warum man sich ausgerechnet mit der Welt der Griechen zu beschäftigen hatte, und „333 bei Issos große Keilerei" dürfte das Wenige sein, was bei so manchem hängen geblieben ist. Blickt man hingegen etwas genauer hin, als es der „Einmal-die-Woche-45-Minuten-Rhythmus" gestattet, so stellt man fest, dass die Formel vom antiken Griechenland als Wiege unse-

rer Kultur mehr als eine hohle Phrase ist. Viele uns heute mehr oder weniger bekannte und selbstverständliche Wissenschaftszweige, Denkmodelle und Erkenntnisse haben ihre Wurzeln bei den altgriechischen Denkern, und es ist keineswegs eine Übertreibung zu behaupten, dass unser Welt- und Menschenbild ohne diese antiken Grundlagen ein völlig anderes wäre. Nur einige beeindruckende Beispiele hierfür sind die wissenschaftliche Betrachtung und Erklärung von Naturphänomenen, die Begründung einer wissenschaftlichen Mathematik, die Vorstellung vom idealen Arzt im Hippokrates-Eid, philosophische Ideen zur rechten Lebensführung sowie zum idealen Staat, die wissenschaftliche Betrachtung von Sprache in Grammatik und Rhetorik, die Geburt der Literatur- und Theaterwissenschaften. In Anbetracht dieser Respekt einflößenden Liste verwundert es kaum noch, dass auch das erste nachweisbare Buch über Hunde aus der Feder eines griechischen Schriftstellers geflossen sein soll. Es war wohl Xenophon, der um 400 v. Chr. den sogenannten *Kynegetikos* verfasste, was so viel heißt wie Hundeführer, womit der Jäger gemeint ist. Xenophon, der nebenbei auch noch als Heerführer gegen den Perser Artaxerxes kämpfte, schuf mit seinen klugen Gedanken über Pferde auch die Grundlagen der modernen Reitlehre. Der *Kynegetikos* nun beschäftigt sich vor allem mit Jagdhunden; gemäß seiner Eignung für unterschiedliche Beutetiere werden Jagdhunde hier in verschiedene „Arten" eingeteilt. Interessante Einblicke gestatten die Namen, die Xenophon für Hunde vorschlägt, da sie Aufschluss darüber geben, was man vom Jagdhund erwartete: Thymos (Eifer), Porpax (Greifer), Phonax (Würger), Teuchon (Packan), Kainon (Töter). Andere von ihm empfohlene Hundenamen weisen darauf hin, dass die Bedeutung des Hundes auch bei den Griechen keine ausschließlich jagdbezogene gewesen sein kann: Phylax (Wächter), Psyche (Seele), Getheus (der Heitere), Chara (Frohsinn) dürften den Wach- und Schoßhund benannt haben.

Xenophon wusste noch mehr Dinge, die man gemeinhin für kynologische Entdeckungen der Neuzeit hält. Von der Beachtung individueller Eigenschaften eines Hundes bei der Ausbildung spricht er nämlich ebenso wie von psychischen Eigenschaften und unterschiedlicher Eignung.

Was sind die beliebtesten HUNDENAMEN?

Zu den beliebtesten Hundenamen zählen: Dertutnix, Dermachtnix, Dashaternochniegemacht, Derwillnurspielen, Allesnurfell, Derisnichdick, Dasistdierasse, Derisnochzuklein.
Die Rangfolge der Namen differiert stark von Region zu Region und steht in direkt proportionalem Verhältnis zu Faktoren wie Spaziergänger-, Hunde- und Joggerdichte.

Warum nur werden Hunde so oft BESCHIMPFT?

Hundefreunde werden es kaum glauben können, und doch wird es von Sprachforschern bestätigt: Der Hund nimmt in der Kategorie der Schimpfwörter epochenübergreifend, international sowie interkonfessionell im Vergleich zu anderen Tieren eine absolute Vorrangstellung ein. Belegt ist dies schon bei den alten Griechen, den Römern und in der lateinischen Literatur des Mittelalters. Doch auch die modernen Sprachen kennen eine solche Vielzahl von Beschimpfungen, die das Wort Hund enthalten, dass man einen völlig falschen Eindruck von der allgemeinen Einstellung zum Hund bekommen könnte. In der Regel werden Räuber, Verräter, Feiglinge und unbeherrschte Menschen als Hunde beschimpft. Auch die Lüsternheit ist eine Untugend, die im deutschen Sprachraum spätestens seit dem Mittelalter sprachlich mit dem Hund in Verbindung gebracht wurde; daneben musste in dieser Epoche der Hund auch als Verunglimpfung von Heiden herhalten. Es gibt die Theorie, dass die negative Stellung des Hundes im Orient dieses veranlasst haben könnte. Angesichts der weltweiten Verbreitung dieser Schimpfwörter jedoch ist es wahrscheinlicher, dass jede Sprachgemeinschaft hierfür selbst verantwortlich zu machen ist. Bei der Entstehung des negativen Vergleichs des Menschen mit dem Hund in der Sprachgeschichte kam prinzipiell nur ein Tier in Frage, das aufgrund des engen Zusammenlebens eine möglichst große Projektionsfläche für Vorurteile bieten konnte und dessen Namen man gefahrlos im Mund führen konnte, da man es nicht fürchtete. Aus diesem Grund ist der erlauchte Kreis der Tiere in Schimpfwörtern auch weitgehend auf Haustiere beschränkt. Falsche und vermenschlichende Interpretationen des hundlichen Verhaltens zu allen Zeiten taten mit Sicherheit ihr Übriges, um die Entstehung und Verbreitung dieser verbalen Entgleisungen auf Kosten des Hundes zu einem allgemeinsprachlichen Phänomen zu machen.

Warum sind auf Berliner Straßen nur so viele HUNDEHAUFEN?

Berlin ist *die* deutsche Stadt der historischen Stätten, der Museen, des multikulturellen Miteinanders und der ausgezogenen Schuhe vor den Wohnungstüren. Letzteres steht mit einem wenig touristenanziehenden Thema, an dem man in unserer Hauptstadt im wahrsten Sinne des Wortes kaum herumkommt, in Zusammenhang: der hohen Anzahl organischer Tretminen auf den Straßen. Das Kotproblem in Berlin ist enorm, was vor allem an der hohen Hundedichte liegt. Zu etwa 103.000 steuerlich registrierten kommen noch mal geschätzte 150.000 unangemeldete Fellträger hinzu. Nach Angaben der Berliner Stadtreinigung produzieren diese gemeinsam etwa 400.000 (!!!) Hundehaufen am Tag, was ein durchschnittliches Gesamtgewicht von ca. 50 Tonnen ergibt. Aufs Jahr gerechnet kämpfen die Mitarbeiter der Berliner Stadtreinigung mit rund 146 Millionen hundlicher Haufen. Da dieser aussichtslose Kampf nur gemeinsam mit einsichtsvollen Hundehaltern zu gewinnen ist, setzt die Stadt neben der wenig erfolgreichen Verhängung von Bußgeldern mittlerweile auf öffentliche Kampagnen für saubere Straßen ohne Hundekot.

Darf ein Kind allein mit dem Dackel GASSI gehen?

Viele Eltern wünschen sich, dass ihre Kinder frühzeitig lernen, Verantwortung zu übernehmen, und die Anschaffung sowie Versorgung eines Hundes erscheint manchem das geeignete Experimentierfeld zu sein. Der ausgewachsene Hundefreund wird bei seinem Gang mit dem Hund häufig vielfältigen Prüfungen ausgesetzt: Unerzogene, stürmische Hunde nähern sich ungefragt, der eigene Vierbeiner ist durch unangenehme Geräusche überfordert, erschrickt und reißt an der Leine, Spießrutenlauf an Hunden vorbei, die andere zum Fressen gern haben, und so weiter, und so fort. Diese und ähnliche Situationen spiele man in Gedanken mehrfach durch und stelle sich sein Kind dabei allein und ohne Beaufsichtigung Erwachsener am Ende der Leine vor. Es gibt in Deutschland kein Gesetz, das Kindern verbietet, allein mit dem Familienhund Gassi zu gehen. Aber sehr wohl zunächst einmal eine verschuldensunabhängige Gefährdungshaftung, die sowohl kleine als auch große Hundefreunde in die Pflicht nimmt, wenn etwas passiert. Dies bedeutet, dass eine Schadensersatzpflicht auch dann vorliegt, wenn dem Schädiger kein eigentlicher Schuldvorwurf gemacht werden kann. Viele Hundebesitzer glauben dagegen, mit einer Hundehaftpflichtversicherung aus dem Schneider zu sein. Doch die Versicherungen haben den in der deutschen Rechtsprechung existierenden Tatbestand der Fahrlässigkeit entdeckt, nach dem derjenige fahrlässig handelt, der die erforderliche Sorgfalt außer Acht lässt. Bei Schadensfällen, die mit Kindern und Hunden ohne Beisein von Erwachsenen entstehen, verweisen die Versicherer schon seit Jahren auf Fahrlässigkeit sowie Verletzung der Aufsichtspflicht; sie zahlen im Falle eines Falles unter Umständen keinen Cent, und der Gesetzgeber gibt ihnen hierin recht. Das heißt, die Verantwortung, die man dem Kind so gerne durch bloße Übertragung beibringen möchte, kann als gewaltiger Schuss nach hinten losgehen, da die Versicherer sich weigern, die oft teuren Konsequenzen dafür zu übernehmen, was in der Verantwortung Erwachsener liegt.

Was passiert mit SCHEIDUNGSHUNDEN?

Die Zahl der Ehescheidungen steigt konstant, und nicht erst Michael Douglas und Kathleen Turner haben uns die gesammelten Grausamkeiten vorgeführt, zu denen einstmals Liebende imstande sind. Das Haustier des ehemaligen Partners zu Haschee zu verarbeiten, aber gehört im Rosenkrieg des Alltags Gott sei Dank nicht zu den gängigen Waffen. Im Gegenteil: Viele Trennungspaare streiten darüber, wer den während der Ehe gemeinsam angeschafften Hund behalten darf. Da der Hund zumindest vom Kaufrecht her als Sache gilt, wird er im Falle einer Scheidung – unglaublich, aber wahr – nicht anders behandelt als der gemeinsam gekaufte Schuhschrank von Ikea. Für beide kommt, sofern nicht etwas anderes vertraglich ausdrücklich vereinbart wurde, die sogenannte Hausratsverordnung zum Tragen, genauer gesagt § 8 Abs. 1 HausRVO: „Hausrat, der beiden Ehegatten gemeinsam gehört, verteilt der Richter gerecht und zweckmäßig.“ Die weisen Herren Richter werden in einem solchen Fall salomonisch vorgehen und feststellen müssen, welcher der beiden ehemaligen Partner die engere Beziehung zu dem Tier hat. Für Hunde, die während einer außerehelichen Partnerschaft angeschafft wurden, kann es im schlimmsten Fall noch ärger ausgehen. Einigen sich diese Parteien partout nicht, so wird auch dem vermittlungsfähigsten Richter nichts anderes übrig bleiben, als § 753 BGB anzuwenden: Das Tier muss verkauft und der Erlös geteilt werden. Ein gemeinsames Sorgerecht für Hunde existiert nicht, und auch Klagen auf ein regelmäßiges Umgangsrecht haben selten Aussicht auf Erfolg. Wurde der Hund bereits vor der Beziehung angeschafft und der Eigentümer kann dies nachweisen, so hat er Anspruch auf ihn, egal wie aufopferungsvoll sich der ehemalige Partner womöglich jahrelang um das Tier gekümmert hat. Dies gilt auch für Hunde, die während einer Ehe nachweislich nur von einer Person erworben wurden.

Darf man einen Hund selbst BEGRABEN?

Der verehrte und leider viel zu früh verstorbene Professor und Lehrer meines Mannes stand einst vor dem Problem, eine geeignete Grabstätte für seinen geliebten Mops zu finden. Tierfriedhöfe gab es damals noch nicht. Der Hund mochte den Studententypus der 1968er-Jahre nicht recht leiden und war daher seinerzeit als APO-Schreck vielen Studenten ein Begriff. So entschloss sich unser alter, schalkhafter Freund, seinem Hund auf dem Unicampus ein passendes Plätzchen zu suchen. Als einige Zeit später an der entsprechenden Stelle ein Parkplatz gebaut werden sollte, geriet der Professor in Aufregung. Er wollte die Grabesruhe seines Hundes nicht gestört sehen. Die Bauarbeiter waren Italiener, ein Volk, bekannt für seine Flexibilität und Frömmigkeit; man einigte sich schnell auf eine Umbettung. Wäre man unserem Freund (dem die Vorstellung, sein Tier in einer sogenannten Tierkörperbeseitigungsanstalt entsorgen zu lassen, sicherlich so unangenehm war wie jedem Hundefreund) auf die Schliche gekommen, so hätte ihm eine Menge Ärger gedroht. Sich mit eigenen Händen um ein Grab für den Hund zu kümmern, ist nämlich ausschließlich im eigenen Garten oder als Pächter eines Grundstückes legal. Doch auch hier macht der Gesetzgeber klare Vorgaben dazu, wo und wie man begraben darf: nicht in Wasserschutzgebieten, nicht in unmittelbarer Nähe öffentlicher Plätze und Wege, nicht unter 50 cm dicker Erdschicht über dem Tierkörper. Missachtet man dies und lässt sich dabei erwischen, so wird dies letztendlich wesentlich teurer als die Gebühr für den Tierfriedhof in der nächstgrößeren Stadt. Verstöße gegen das Tierkörperbeseitigungsgesetz, die juristisch als Ordnungswidrigkeiten gelten, können mit einem Bußgeld von bis zu 15.000 Euro belegt werden.

Darf der Briefträger Hundebesitzern die **POSTZUSTELLUNG** verweigern?

Aus der Unfallstatistik der Deutschen Bundespost geht Folgendes hervor: Jährlich werden bundesweit etwa 3.000 Postboten von Hunden gebissen. Doch die Briefzusteller unseres Landes stehen diesen Übergriffen keineswegs handlungsohnmächtig gegenüber, was jeder Hundebesitzer, dessen Tier eine gewisse Antipathie gegen Briefträger hegt, wissen sollte. Zunächst einmal kann die Post nämlich verlangen, den Briefkasten so anzubringen, dass ein Einwerfen der Sendungen ohne jegliche Gefährdung möglich ist. Wird diese Forderung ignoriert, so darf die Zustellung von Briefen als letzte Maßnahme gemäß der Postordnung § 50 Abs. 2 sogar gesperrt werden. Wer also weiterhin am pünktli-

chen und zuverlässigen Erhalt seiner Post interessiert ist, sollte bei entsprechendem Problemverhalten seines Hundes dem unmittelbaren Kontakt zwischen Vierbeiner und Postboten einen großen Riegel vorschieben.

Muss man bei Anschaffung eines Hundes RÜCKSICHT auf die Allergie des Nachbarn nehmen?

Hunde als Zankapfel zwischen Nachbarn sind ein leidiges und wohlbekanntes Problem. Nun hat der Gesetzgeber dafür gesorgt, dass dieses ohnehin schon stark belastete Verhältnis noch einer weiteren Prüfung ausgesetzt wird. Leidet ein Nachbar in einem Mietshaus unter einer schweren Allergie gegen Hundehaare, so wird jetzt per Gesetz Rücksicht verlangt. Der Vermieter kann in einem solchen Fall das Halten eines Hundes verbieten. Allerdings befindet dieser sich hierbei zunächst in der Beweispflicht und muss im Streitfall den Beweis erbringen, dass die Allergie tatsächlich so schlimm ist, wie behauptet; so weit die Entscheidung des Amtgerichts Aachen in einem vor Kurzem verhandelten Fall. Gelingt dem Vermieter dies nicht, ist der potenzielle Hundehalter rechtlich auf der sicheren Seite, und der Hund darf trotzdem einziehen. Was also kann im Vorfeld getan werden, um eine derartige rechtliche Auseinandersetzung zu vermeiden? Zur Wahrung des nachbarschaftlichen Friedens empfiehlt es sich, die Anschaffung eines Pudels oder sogenannten Labradoodles – einer Kreuzung aus Labrador und Pudel – zu erwägen. Neue Studien haben Hinweise ergeben, dass Hundeallergiker zum Teil nur auf bestimmte Rassen reagieren. Solche, die wie der Pudel (ein im Übrigen hervorragender und in dieser Eigenschaft sehr unterschätzter Familienhund) keinen Fellwechsel haben, scheinen seltener Allergien auszulösen.

Gibt es eine ANSCHNALL-PFLICHT für Hunde? In bestimmten Städten Deutschlands sieht man sie immer wieder: Kapriziöse Cabriofahrer mit dem Hund in passender Farbe zu den Schweinsledersitzen des Autos auf dem Beifahrersitz.

Ein echter Hingucker, vor allem für die braven Gesetzeshüter unseres Landes. Die haben nämlich das Recht, diese bedauernswerten Zeitgenossen, die so publikumswirksam ihre Vierbeiner spazieren fahren, anzuhalten und ihnen eine saftige Strafe zu verpassen. Ein Hund muss im Auto gesichert sein, und zwar entweder auf dem Rücksitz durch einen speziellen Hundegurt, durch ein TÜV-geprüftes Hundegitter oder eine spezielle Transportbox, die sich vor allem für Kombifahrzeuge eignet. Momentan liegt die für einen ungesicherten Hund zu zahlende Strafe bei 35 Euro im Gefährdungsfall wird man sogar 50 Euro zahlen müssen und drei Punkte in der Verkehrssünderkartei erhalten. Noch teurer wird das Ganze unter Umständen, wenn man mit einem ungesicherten Hund im Fahrzeug einen Unfall verursacht, da man hier sogar seinen Kaskoschutz verlieren kann. Dies alles gilt im Übrigen nicht nur für Cabriofahrer.

Was kann man gegen tierquälerische HALTUNG tun?

In manchen ländlichen Gebieten passiert man gelegentlich immer noch Hofeinfahrten, Schrebergärten oder Gartengrundstücke, aus denen einem der personifizierte Jammer aus großen Augen entgegenblickt: Hunde in verdreckten Zwingern oder an kurzen Ketten in entsprechend verwahrlostem Zustand. Doch die Hilflosigkeit des Tieres sollte sich nicht lähmend auf den Betrachter auswirken, der auf gesetzlicher Grundlage durchaus tätig werden kann. Eine Anzeige beim zuständigen Veterinäramt, die in der Regel vertraulich behandelt wird, zeigt häufig schnellen Erfolg, denn bei der Haltung eines Hundes unterliegt man dem Tierschutzgesetz, und verstößt man gegen dieses, so drohen nicht nur Strafen und Geldbußen. Bei groben Verstößen gegen das Tierschutzgesetz kann das Tier zu seinem eigenen Schutz eingezogen, sprich dem Halter abgenommen werden. Stellt ein Amtsveterinär eine nicht art- und verhaltensgerechte Haltung fest, so hat er das Recht, den Hund – mindestens vorläufig – zu beschlagnahmen und anderen, geeigneten Tierhaltern zu übergeben. Ist die Vernachlässigung besonders augenfällig, so kann sogar ein in die Zukunft gerichtetes Tierhalteverbot ausgesprochen werden.

Darf man innerhalb der EU überall mit Hund HINREISEN?

Radio Eriwan würde auf diese Frage mit seinem berühmten „Im Prinzip, ja" antworten, um dann eine lange und umständliche Erklärung anzufügen, die dieses „Ja" ad absurdum führt. Und es hätte in diesem Fall absolut recht, denn bevor man sich anschickt, seinem Hund die Sehenswürdigkeiten des alten Rom zu zeigen, sollte man sich auch in Zeiten der offenen Grenzen genau über die entsprechenden Einreisebedingungen informieren. Grundsätzlich gilt für alle EU-Mitgliedstaaten Folgendes: Der mitgeführte Hund muss durch einen Mikrochip gekennzeichnet sein, er benötigt einen EU-Heimtierpass mit gültiger Tollwutimpfung, und für Reisen nach Großbritannien, Nordirland, Schweden und Malta muss zusätzlich eine Behandlung gegen Bandwürmer, Zecken sowie eine Tollwutantikörperbestimmung nachgewiesen werden. Hierbei nehmen es die Engländer und Schweden ganz besonders genau. Die Letztgenannten verlangen bei ihrem Tollwutantikörpertest, dass die Blutentnahme zum Test frühestens 120 Tage und spätestens 365 Tage nach der Tollwutimpfung erfolgen darf. Dieser Antikörpertest darf nur in dafür zugelassenen Labors durchgeführt werden. Die mit dem Wirkstoff Praziquantel nachzuweisende Bandwurmbehandlung zwängt in ein ähnlich strenges Zeitkorsett: Die Dokumentation im EU-Heimtierausweis darf zum Zeitpunkt der Einreise nicht älter als zehn und nicht jünger als zwei Tage sein. Ein Spontanausflug mit Hund nach Schweden dürfte sich also schwierig gestalten. Die Briten gehen noch weiter. Sie verlangen zusätzlich die Einhaltung eines sogenannten Pet-Travel-

Schemas. Über dieses sollte man sich äußerst gründlich schlau machen, denn bezüglich der Zeitfenster und Nachweise sind die britischen Vorgaben noch wesentlich komplizierter als die schwedischen. Hat man diese Hürden überwunden, so lasse man sich keinesfalls einfallen, einen individuellen Reiseweg einzuschlagen: Hierüber ist der Engländer ganz und gar „not amused“. Die Routen und sogar die Verkehrsunternehmen, die Hunde transportieren dürfen, sind strengstens vorgeschrieben. Verletzt man nur eine einzige dieser Bestimmungen, so schreibt das Vereinigte Königreich eine Quarantänte von sechs Monaten vor. Schwer haben es beim Reisen innerhalb der Europäischen Union auch sogenannte Kampfhunde. So wird Pitbull-Terriern und American-Staffordshire-Terriern bereits an der Grenze zu Dänemark, Frankreich, Holland, Ungarn und Großbritannien der Eintritt verwehrt. Auch Mischlingen dieser Rassen wird zum Teil die Einreise nicht gestattet.

Darf man einen gefundenen Hund BEHALTEN?

Die meisten Hundefreunde kommen auf herkömmlichen Wegen in den glücklichen Besitz ihrer Lieblinge: beim Züchter, von privat, aus dem Tierheim. Doch die Liebe geht auch andere Wege. Plötzlich und unerwartet trifft man beim Sonntagsspaziergang auf ein offensichtlich herrenloses, ausgesetztes Tier, und es ist Zuneigung auf den ersten Blick. Doch auch alle großen Liebespaare der Weltliteratur haben erst einige Hindernisse überwinden müssen, bevor sie zusammen sein durften. Verhielten sie sich zu irrational, folgte die Strafe auf dem Fuße, und ihre Liebe endete tragisch: Romeo und Julia, Tristan und Isolde, Bonny und Clyde. So sollte es Ihnen im Falle eines Falles nicht ergehen. Als Finder eines Hundes hat man zunächst nämlich einige Pflichten, so die Anzeige- und Aufbewahrungspflicht. Der Finder muss den Fund unverzüglich bei der Polizei oder dem nächsten Tierheim melden. Behält man das Tier zunächst in Absprache mit den entsprechenden Institutionen nach der Fundanzeige, so ist man auch verpflichtet, für eventuelle Schäden geradezustehen. Eigentümer des Hundes jedoch wird man erst, wenn der rechtmäßige Besitzer sechs Monate nach der Anzeige des Fundes nicht ermittelt werden konnte.

Haben Hundesteuerzahler ein Recht auf ein eigenes HUNDEKLO?

Bei einem nachbarschaftlichen Streit zwischen einem Hunde- und einem Nichthundebesitzer um die Hinterlassenschaften von Hunden auf der Straße fällt einem der Streithähne ein scheinbar unschlagbares Argument ein: Er zahle ja schließlich Hundesteuern, und nicht eben zu knapp. Daher könne er auch erwarten, dass diese Steuer zur Reinigung der Straßen von Hundehaufen eingesetzt werde. Was auf den ersten Blick einer gewissen – wenn auch sehr eigenen – Logik nicht entbehrt, wird durch einen genauen Blick auf die historische Entstehung dieser Steuer schnell obsolet. Die Hundesteuer ist eine sogenannte „Luxussteuer“ und wurde zu Beginn des 19. Jahrhunderts erstmals in Preußen initiiert. Damals ließ die Haltung eines „Luxushundes“ – als solchen bezeichnete man seinerzeit kleine Schoßhunde (auch Damenhunde genannt), mittelgroße Haus- und Begleithunde und große Luxushunde – tatsächlich auf eine besondere wirtschaftliche Leistungskraft schließen. Eine Luxussteuer besagt übersetzt auf „Unbürokratisch“: Wer mehr hat, soll auch – zum Wohle der Gesamtheit – mehr abgeben. Außerdem wollte man durch das Erheben einer Steuer eine zu große Hundedichte verhindern. Beiden Argumenten schließt sich das Steuergesetz auch heute noch an. Deswegen erhebt man Hundesteuern, und mitnichten, um die Reinigung der Straßen von Hundekot zu finanzieren.

Sind BEISSSTATISTIKEN eigentlich zuverlässig?

„Ich traue keiner Statistik, die ich nicht selbst gefälscht habe!“ Auch wenn keine letztendliche Einigkeit darüber besteht, welchem historischen Politiker dieses Zitat nun zuzuschreiben ist, so mag es doch nicht ganz unschuldig daran sein, dass man ein gewisses Unbehagen verspürt, sobald jemand zur Unterfütterung seiner Argumentation eine Statistik zitiert. Wie dem auch sei, jedenfalls geistern seit Jahren insbesondere durch die Regenbogenpresse bei passenden, sprich verkaufsfördernden Gelegenheiten gewisse Beißstatistiken, die einmal das eine, ein anderes Mal etwas anderes belegen sollen. Eine Überprüfung der Zuverlässigkeit solcher Statistiken bringt schnell Entlastung für die jeweilige, gerade angeklagte Hunderasse. Zunächst einmal muss man nämlich wissen, dass ein Beißunfall in Deutschland derzeit keiner allgemeinen Meldepflicht unterliegt. Somit kommen gar nicht alle Vorfälle in den Genuss, in eine Statistik aufgenommen zu werden, und ihre Verursacher bleiben sozusagen anonym. Das heißt jedoch nicht, dass die häufig zitierten Beißstatistiken komplett gefälscht sind. Der Deutsche Städtetag führt tatsächlich eine Beißstatistik, in die jedoch nur gemeldete Beißunfälle aufgenommen werden. Somit belegt diese nur einen Teil der Wahrheit, während der andere gemütlich im Dunkeln bleibt.

Gilt der Tatbestand der UNFALLFLUCHT auch für Hunde?

Das „Sich-aus-dem Staub-Machen", nachdem man einen Unfall verursacht hat, gehört zu den moralisch fragwürdigsten und dennoch häufig vorkommenden Handlungen im menschlichen Verhaltensrepertoire. Völlig zu Recht greift der Gesetzgeber daher bei Unfallflucht – je nach Schwere – auch zu drakonischen Strafen, vom Führerschein- bis gar zum Freiheitsentzug. Viele Hundefreunde wissen nicht, dass der Tatbestand der Unfallflucht auch für Vorfälle gilt, die das eigene Tier verursacht hat. Egal ob ein Spaziergänger über die Hundeleine stolpert und dabei zu Fall kommt, ob der Hund auf die Straße läuft und dadurch einen Unfall verursacht oder er auf anderem Wege einen Sach- oder Personenschaden hervorruft: Der dazugehörige Besitzer muss am Ort des Geschehens so lange ausharren, bis die Beteiligung seines Hundes an dem Vorfall – am besten durch die Polizei – geklärt wurde. Tut er dies nicht und entfernt sich vorzeitig vom Unfallort, so macht er sich in der Tat strafbar, denn in einem solchen Fall gilt streng genommen zwar nicht der Hund, dafür aber sein Halter als Unfallbeteiligter gemäß § 142 StGB und kann demgemäß wegen Unfallflucht belangt werden. Die große Mehrheit aller Hundehalter jedoch wird sich im Falle eines Falles ohnehin der Verantwortung stellen.

Werden Hunde von Schokolade blind?

... und 12 weitere Fragen zu Ernährung und Gesundheit.

Können Pflanzen die Gesundheit von Hunden GEFÄHRDEN?

Von unabsichtlichen Vergiftungen mit Insektiziden, Schneckenkorn und Ähnlichem können einige Hunde- und Pflanzenfreunde ein trauriges Lied singen. Weniger bekannt hingegen ist, dass nicht nur von Pflanzenschutzmitteln eine Vergiftungsgefahr für Hunde ausgehen kann, sondern auch von gewissen grünen Schönheiten selbst. So kann der Verzehr von Efeugewächsen, Drachenbaum und Yucca-Palme Reizungen der Maulschleimhaut sowie des Magen-Darm-Trakts mit Speicheln, Erbrechen und Durchfällen hervorrufen. Wesentlich drastischer noch können die Auswirkungen beim Aufnehmen der Dieffenbachia-Arten, beim Philodendron und beim Fensterblatt sein. Geraten diese, auf welchem Weg auch immer, in den Verdauungskanal des Hundes, ist mit schwerwiegenden Folgen zu rechnen: Magen-Darm-Entzündungen, Herz-Kreislauf-Störungen, Krämpfe, Lähmungen. Selbst Todesfälle sind möglich. Der immer beliebter werdende Buchsbaum enthält ebenso wie der wunderschöne Goldregen Gifte, die auf das zentrale Nervensystem wirken, was zunächst Atemlähmungen verursacht und somit schließlich zum Tode führt. Daneben kann eine Koexistenz des Hundes mit den folgenden Pflanzen äußerst unangenehme Folgen haben, sofern er sich entschließt, an diesen herumzukauen: Azaleen, Amaryllis, Birkenfeige, Brunfelsie, Gummibaum, Hortensie, Maiglöckchen, Nar-

zissen, Oleander, Thuja-Lebensbaum. Obwohl die wenigsten Hunde diese Pflanzen auf ihrem täglichen Speisezettel haben dürften, bedeutet es keineswegs Hysterie, dem Hund, wenn er allein und unbeobachtet sein muss, den Zugang zu den genannten Grünpflanzen unmöglich zu machen. Immer wieder vergreifen sich Vierbeiner an völlig ungeeigneten Dingen oder Gegenständen. Besonders gefährdet sind dann Hunde, die an Magen-Darm-Störungen leiden, da sie mit dem Fressen von Pflanzen offenbar versuchen ein Erbrechen hervorzurufen.

Werden Hunde von Schokolade BLIND?

Wie bei vielen Errungenschaften des Volksmundes handelt es sich auch bei dieser „Weisheit" um eine, die man heutzutage schnell zu belächeln geneigt ist und unter „aus Großmutters Mottenkiste" ablegen möchte. Doch tut man mitunter gut daran, diese Schubladen nicht zu voreilig zu schließen. Denn auch, wenn es dem Volksglauben an Methoden fehlt, mit denen sich die moderne Wissenschaft schmückt, so kann er auf etwas Unschlagbares verweisen: auf jahrhundertelange Erfahrung! Und dennoch: Den meisten wird bei aller Anstrengung schon der ein oder andere vierbeinige Schokoladendieb einfallen, dem seine „Naschsucht" zwar ein paar Pfunde mehr, aber beileibe keine Brille eingebracht hat. Also doch nichts als Aberglaube? Geben wir dem kollektiven Gedächtnis eine Chance und betrachten Ursache und Wirkung des Schokoladenkonsums genauer. Alle stark kakaohaltigen Produkte enthalten einen Stoff namens Theobromin. Dieser ist vor allem in Bitterschokolade, Backschokolade und Kakaopulver in recht hoher Konzentration enthalten. Seit einiger Zeit weiß man, dass dieses Theobromin bei Hunden massive Herz-Kreislauf-Störungen sowie Magen-Darm-Probleme verursachen kann. So können bereits 200 Gramm Backschokolade einen kleinen Hund wie einen Dackel in die ewigen Jagdgründe befördern. Außerdem kann Theobromin bei einseitiger, länger dauernder Verfütterung von Schokolade kumulativ wirken, was bedeutet, dass sich die Wirkung kleinerer Dosen über einen längeren Zeitraum addieren kann, eine gesundheitliche Schädigung also erst später auftritt. Die bei Herz-Kreislauf-Störungen zutage tretenden Symptome bestehen in erster Linie in Schwindelanfällen, Übelkeit, Herzrasen und Ähnlichem. Reagiert nun ein Hund empfindlich auf Kakaohaltiges, dürften die sichtbaren Auswirkungen vor allem am Bewegungsablauf des Tieres zu erkennen sein. Aus den taumelnden Schritten des Hundes hat man eventuell auf eine vorübergehende Blindheit geschlossen und damit eine Halbwahrheit geboren, die womöglich vielen Hunden Gesundheit und Leben gerettet hat, da Schokolade so zum „Tabu-Lebensmittel" erklärt wurde. So war auch hier, wie nicht selten, ein Aberglaube fruchtbarer Anstoß zur Entdeckung des Wahren.

Warum ist „Der-kriegt-nur-was-auf-der-Packung-steht!“ trotzdem so ein DICKER Hund? Hinter diesem mittlerweile weitverbreiteten „Ehrentitel“ steht ein nun auch in der Hundewelt flächendeckend angekommenes Problem: die Adipositas, im Volksmund als Fettleibigkeit bekannt. Bei 10 % Übergewicht gegenüber dem Rassedurchschnitt spricht man von beginnender, bei 20 % hingegen schon von einer manifesten Adipositas. Die Tatsache, dass Übergewicht nicht nur die alltägliche Lebensqualität einschränkt, sondern in der Regel wie beim Menschen auch schlimme Folgekrankheiten nach sich zieht, veranlasst daher viele betroffene Hundebesitzer, Maßnahmen zu ergreifen. Kaloriengewichtige Leckerchen landen im Mülleimer, Naschereien vom Tisch werden gestrichen, und es gibt – Hundeaugen hin, Betteleien her – eben nur noch: „was auf der Packung steht“. Und trotzdem nimmt der Hund kein einziges Gramm ab. Ist Übergewicht bei Hunden etwa Veranlagung, gegen die kein Kraut gewachsen ist? Dazu muss man zunächst einiges zur Entstehung von Fettleibigkeit bei Hunden wissen. Bei einer Überversorgung mit Energie – also mit Fetten, Proteinen und Kohlenhydraten – kommt es zum Aufbau von Fettreserven. Dieses Körperfett wird gespeichert und die Zahl der Fettzellen im Kör-

per erhöht sich. Man bezeichnet diese Phase auf dem Weg zur Adipositas auch als die dynamische Phase. Ist dieser Prozess abgeschlossen und das Fettansatzvermögen erschöpft, tritt der Patient in die sogenannte statische Phase. Erhalten nun betroffene Tiere, die dieses Stadium erreicht haben, dieselbe Futtergabe wie normalgewichtige Hunde, ist Abnehmen aufgrund des bereits gespeicherten Körperfetts unmöglich. Manche adipöse Tiere bekommen sogar deutlich weniger zu fressen als ihre schlanken Artgenossen – ohne sichtbaren Erfolg. Die Wurzel des Dicksein liegt also vor allem in Fütterungsfehlern der Vergangenheit und ist mit herkömmlichen Mitteln – ist der Hund erst einmal in den Brunnen gefallen – nicht zu besiegen. Viele Lightprodukte entsprechen nicht den notwendigen diätetischen Anforderungen, weshalb davon abzuraten ist, ein Diätprogramm ohne fachliche Hilfe aufzustellen. In Absprache also mit dem Tierarzt sollte eine sogenannte Reduktionsdiät durchgeführt werden, bei der ein passendes Diätfuttermittel mit verminderter Energiedichte sowie die angemessene Futtermenge für den jeweiligen Hund ermittelt wird. Für viele Hundebesitzer mag es auf diesem beschwerlichen Weg ein Trost sein, dass gewisse Rassen, unter denen sie den eigenen Hund eventuell wiederfinden, zur Adipositas tatsächlich veranlagt sind. Besonders betroffen sind nach dem derzeitigen Stand der Dinge unter anderem der Labrador, der Cockerspaniel, der Beagle, der Basset sowie der Langhaardackel.

Seit wann gibt es eigentlich TOLLWUTIMPFUNGEN?

„Hunde leiden an drei Krankheiten, sie heißen Tollwut, Staupe und Fußgicht. Von diesen erzeugt die Tollwut einen Wahnsinn, von dem auch alle ergriffen werden, die gebissen sind.“ Dieses Zitat des großen griechischen Gelehrten Aristoteles (384–322 v. Chr.) zeigt, dass die Tollwut bereits im antiken Griechenland als eine der häufigsten und bedrohlichsten Tierkrankheiten bekannt war. Doch es lassen sich sogar noch ältere Zeugnisse nachweisen: Bereits um 1700 v. Chr. findet sich eine rechtliche Verfügung des babylonischen Königs Hammurabi. Diese besagt, dass der Halter eines von der Tollwut befallenen Hundes Schadenersatz zahlen müsse, wenn durch einen Biss der Tod eines Menschen verursacht werde. So alt wie das Wissen um diese verhängnisvolle Krankheit sind auch die Versuche ihrer Bekämpfung. Bei einem römischen Schriftsteller des ersten nachchristlichen Jahrhunderts findet sich der Ratschlag, Hunden als Prophylaxe gegen die Tollwut den Schwanz zu kupieren. Ebenfalls seit

diesem Zeitraum versuchte man Gebissene durch das Ausbrennen der Bisswunden zu retten. Kurioses rät eine jüngere Quelle des 14. Jahrhunderts: „Man gehe zum Meer und lasse sich neunmal die Wellen über den Kopf rollen.“ Im gleichen Jahrhundert findet man aber auch Ratschläge von weniger magischem Charakter: „Die Tobsüchtigkeit der Hunde vertreibt man damit, dass man ihnen einen mit Honig vermengten Kapaun zu fressen gibt“, und in späteren Zeiten galt der Saft der Maiwürmer als wichtigstes Medikament gegen die Krankheit. Zur Entstehung der Tollwut hatte man bis zu diesem Zeitpunkt die abenteuerlichsten Theorien aufgestellt. Die üblichen Verdächtigen waren: Temperaturschwankungen, schlechte

Luft, zu warmes oder zu kaltes Essen, unbefriedigter Geschlechtstrieb, der Tollwurm. Ein tatsächlicher Durchbruch beim Kampf gegen die Tollwut jedoch trat erst ein, als man im 19. Jahrhundert erkannte, dass ein Virus die Ursache der Erkrankung war. Es war bekanntlich der französische Chemiker und Biologe Louis Pasteur, dem es gelang, diese Krankheit endlich zu besiegen. Nach langjährigen Forschungen unternahm er erste Versuche, Menschen mit einer Impfung zu schützen. So überlebte ein neunjähriger Junge aus dem Elsass, der von einem tollwütigen Hund angegriffen und vierzehnmal gebissen worden war, nachdem er von Pasteur nachträglich am 6. Juli 1885 geimpft wurde.

Empfinden Hunde SCHMERZEN?

So eindeutig die Antwort auf diese Frage für jeden Hundebesitzer ausfallen dürfte, so uneinig waren sich Wissenschaftler und Philosophen aller Epochen, wenn es um das bewusste Wahrnehmen von Schmerzen bei Tieren ging. Der französische Philosoph Descartes war von der Seelen- und Geistlosigkeit der Tiere überzeugt. Die von ihm vertretene Maschinentheorie degradierte sie zu biologischen Maschinen aus einzelnen Teilen, deren Reaktionen auf Schmerz rein mechanischer Natur seien, vergleichbar mit dem Geräusch, das ein Wecker beim Aufziehen von sich gibt. Auch wenn es mit Voltaire, dem bedeutendsten Denker der französischen Aufklärung, schon früh einen prominenten Widersacher dieser Theorie gab, waren ihre Auswirkungen fatal. Bildete diese Sichtweise doch die Rechtfertigungsgrundlage für einen lange währenden grausamen und gedankenlosen Umgang mit Tieren. Man läge gründlich falsch, würde man diese Auffassung als überwunden betrachten. Auch im 21. Jahrhundert gibt es noch Wissenschaftler, die Hunden das bewusste Empfinden von Schmerz absprechen und daher auch keine ethischen Bedenken darin sehen, Tieren Schmerzen zuzufügen. Es ist wohl die unterschiedliche Schmerzreaktion von Mensch und Tier, die diese Einstellung erst ermöglicht. Hunde scheinen Schmerz weitaus stoischer zu ertragen, als wir Menschen das tun. Es gibt die Theorie, dies sei evolutionär bedingt: Anzeichen von Schwäche oder Verletzung zu zeigen, hätte den Raubtierinstinkt bei den übrigen Rudelmitgliedern auslösen und damit das eigene Überleben gefährden können. Daher war es – so die These – vorteilhaft, Schmerzen „für sich zu behalten". Für den Menschen hingegen soll das gegenteilige Verhalten von Vorteil gewesen sein. Sich darüber beklagend, was ihn quält, habe er Mitgefühl und vor allem Hilfe bei seinen Mitmenschen ausgelöst. Die moderne medizinische Schmerzforschung bei Hunden steckt derzeit noch in den Kinderschuhen. Aus der Verhaltenstherapie bei Hunden ist aber bereits bekannt, dass diese bei chronischen Schmerzen mit Wesensveränderungen und Aggression reagieren können. Medizinische Untersuchungen geben Aufschluss darüber, dass Hunde, die nach einem operativen Eingriff mit Schmerzmitteln behandelt werden, schneller genesen. Diese und weitere Erkenntnisse dürften zukünftig auch in der Wissenschaftswelt dazu beitragen, den Schmerz von Tieren ernst zu nehmen.

Braucht der Hund wirklich in jeder Altersphase ein anderes FUTTER?

In den Futtermittelabteilungen moderner Kaufhäuser fühlt man sich heutzutage wie ein Kleinkind vor der Buchstabensuppe auf der Suche nach Sinn. Für die ratlosen Augen des Hundefreundes gibt es viel zu entschlüsseln: Müsli-Croq-Mature für das heranwachsende Tier, adulte Light-Pellets für den untersetzten Vorruheständler,

Freshmeets Frosted für den Hundesenior. Alles nur eine Erfindung übermotivierter Produktnamenschöpfer oder haben zumindest die unterschiedlichen Inhalte in den Packungen ihre Berechtigung? Tatsächlich ändern sich die Nährstoffbedürfnisse der Hunde in Abhängigkeit zu ihrem Alter. Deswegen spricht man heute von einer an das Lebensalter angepassten Fütterung und erkennt dieses Konzept weitgehend als optimale Methode an. Am Beispiel des Eiweißbedarfs kann man die sich verändernden Bedürfnisse ablesen: Welpen und Heranwachsende benötigen deutlich mehr Protein von hoher biologischer Wertigkeit; im zweiten Lebensjahr geht – je nach Rasse und Endgröße des Tieres – der Bedarf hingegen deutlich zurück. Sowohl der Mangel als auch der Überschuss dieses Nährstoffes haben vielfältige Auswirkungen auf den Organismus. So führt eine unzureichende Versorgung zu verminderter Fresslust und zur Beeinträchtigung des Immunsystems, zudem wird das Fell brüchig und stumpf. Auch bei einer Überversorgung sind negative Auswirkungen möglich. Vor allem dann, wenn es sich um qualitativ minderwertiges Eiweiß handelt, kann die Durchfallhäufigkeit deutlich ansteigen. Eine längerfristige Eiweißüberversorgung steht bei älteren Hunden im Verdacht, Leber und Nieren zu schädigen. Veränderungen bei den Ernährungsbedürfnissen in Abhängigkeit vom Alter sind neben dem Protein inzwischen für viele weitere Nährstoffe nachgewiesen. Trotzdem weisen kritische Geister darauf hin, dass heutzutage geradezu eine Überversorgung mit Nährstoffen vorherrscht, die es für Hunde in keiner Etappe ihrer bisherigen Koexistenz mit dem Menschen gegeben hat. Der Hund sei, so argumentiert man, durchaus darauf ausgerichtet, mit Mangelzeiten klarzukommen. Da jedoch auch von dieser Seite eingeräumt wird, dass sich unsere Hunde mitsamt ihren Bedürfnissen stark verändert haben, ist es wohl durchaus angemessen, das Futtermittel auf die jeweilige Lebensphase abzustimmen.

Soll man Hunden die KRALLEN feilen?

French-Nails müssen es nicht gerade sein, aber sollte der moderne Hund nicht ab und an auch mal zur Fußpflege? Im Land der unbegrenzten Möglichkeiten gibt es das ja schon längst, also ein weiteres Mal „Pfui, rückständiges Europa“? Hier vermischt sich wieder einmal medizinisch Sinnvolles mit kosmetisch Schwachsinnigem. Tatsächlich können nämlich auch bei Hunden die „Nägel“ zu lang werden und bedürfen dann der Kürzung. Dies ist in der Regel dann der Fall, wenn sich die Krallen nicht regelmäßig auf hartem Untergrund abnutzen können. Man benötigt zum ungefährlichen Krallenschneiden (vor allem bei älteren Tieren, deren Krallen härter werden) eine spezielle Krallenschneidezange. Die eigene Nagelfeile sollte tunlichst im Schrank bleiben. Bei der Hundepediküre dürfen nur die Spitzen gekürzt werden; schneidet man in Nerven- und Blutbahnen, so verläuft das Prozedere nicht nur schmerzhaft, sondern auch blutig. Sinnvollerweise bittet man als Pediküreanfänger den Tierarzt darum, zu zeigen, wann Hundekrallen zu lang sind und wie weit man mit der Zange gehen darf, ohne mit Klagelauten rechnen zu müssen.

Kann man einen Hund Mund-zu-Mund BEATMEN?

Bevor man sich anschickt, die Straßen der Welt mit den eigenen Fahrkünsten zu beglücken, muss man in unserem Land einen Erste-Hilfe-Kurs belegen, der dazu dient, Grundkenntnisse in der Notfallversorgung von Verletzten im Straßenverkehr zu erwerben. Schafft man sich einen Hund an, sind keinerlei solcher gesetzlicher Voraussetzungen zu erbringen. Dennoch besteht die Möglichkeit, dass man in Situationen gerät, in denen beim eigenen oder einem fremden Hund Wiederbelebungsmaßnahmen nötig sind, denn nach einem schweren Unfall kann beim Hund durchaus ein Atemstillstand eintreten. Eine dieser Maßnahmen ist, wie beim Menschen auch, die Mund-zu-Mund-Beatmung, was genau genommen beim Vierbeiner eine Mund-zu-Nase-Beatmung ist. Bei einer solchen Mund-zu-Nase-Beatmung muss man zunächst die Atemwege des Tieres freilegen, die Zunge (des Hundes) nach vorne ziehen und alles aus der Mundhöhle entfernen, was die Atmung blockieren könnte. Dann muss das Hundemaul fest zugedrückt und dem Tier der eigene Mund über die Nasenlöcher gelegt werden. Es soll so lange Luft in die Nase geblasen werden, bis sich der Brustkorb des Hundes ganz ausgedehnt hat, was normalerweise 1–3 Sekunden dauert. Der Kopf muss dabei etwas zurückgebogen werden, damit der Hund bei Erfolg ausatmen kann. Dieser Vorgang ist mehrmals zu wiederholen, dabei soll darauf geachtet werden, ob eine spontane Atmung einsetzt, was natürlich zu hoffen ist. Wiederbelebungsmaßnahmen beim Hund müssen dann durchgeführt werden, wenn kein Tierarzt in unmittelbarer Nähe ist und das Tier ohne ein sofortiges Eingreifen keine Überlebungschance hat. Ein Mensch kann wegen unterlassener Hilfeleistung einem Mitmenschen gegenüber von Rechts wegen zur Verantwortung gezogen werden. Bei unterlassener Hilfeleistung einem Tier gegenüber wird man hingegen nicht belangt.

Werden Hunde nach der KASTRATION dick?

Bei Hunden, die kastriert werden, verschwindet in der Regel ein äußerst vitales, bei vielen Rüden ihr Dasein dominierendes Interesse: Sexualität und Fortpflanzung. Bei männlichen Tieren ist dies umso deutlicher sichtbar, da sie im Gegensatz zur Hündin „immer können". Dieses „immer können" ist jedoch durchaus kein reines Vergnügen. Jeder, der in einer Gegend wohnt, die mit einer hohen Hündinnendichte gesegnet ist und einen Rüden besitzt, kann an seinem Hund ganz genau ablesen, wann wieder ein Weibchen läufig ist. In dieser Phase der gesteigerten Aktivität verbraucht der Hund eine Menge Kalorien: hinlaufen, herlaufen, jaulen, an der Tür kratzen, ausbüxen, alles Dinge, die dem kastrierten Hund höchstens noch ein leises Stirnrunzeln abringen können. Dass man davon nicht ab-, sondern bei gleichbleibender Futtergabe ganz schnell zunimmt, ist bekannt. Somit ist also bei einer Gewichtszunahme nach der Kastration dieselbe nur indirekt verantwortlich zu machen. Wird man dem (auch bei Hündinnen) nach einer Kastration geringeren Energiebedarf des Hundes dadurch gerecht, dass man ihn weniger füttert und ausreichend bewegt, so bleibt auch der kastrierte Hund rank und schlank.

Müssen auch Hunde zum ZAHNARZT?

Der Zahnarztstuhl gehört zu den Horrorerinnerungen fast einer jeden zweibeinigen Kindheit. Bei vielen von uns bedurfte es einer großen historischen Distanz, um dieses Trauma durch massiven Einsatz von Vernunft und Humor zu überwinden. Die Vorstellung, dem geliebten Tier Qualen ähnlicher Art zuzumuten, erscheint manchem Hundehalter offenbar derart grausam, dass entweder Freudsche Verdrängungsmechanismen dazu führen, die Existenz hundlicher Zähne schlichtweg zu leugnen, oder man in das andere Extrem verfällt und den Hund dreimal täglich mit Schwingkopf-Zahnbürste und fluorhaltiger Paste traktiert. Wie so oft beim Zusammenleben mit unseren Hunden ist es empfehlenswert, von eigenen Traumata abzusehen und sich den blanken Fakten zuzuwenden, um auf diesem Weg zur Einsicht zu gelangen. Auch wenn sich die kegelförmigen Hundezähne stärker selbst reinigen als die der Menschen, kann es auch bei den erstgenannten zu Karies, Parodontose und Zahnstein kommen. Ebenso sind Zahnschäden wie Frakturen oder Absplitterungen möglich – zum Beispiel beim Zerbeißen sehr harter Knochen. Veränderungen an Zähnen und Zahnfleisch, die nicht auf mechanische Ursachen zurückzuführen sind, können eng mit Nahrungsfaktoren zusammenhängen. Die einseitige Gabe von halbfeuchtem Mischfuttermittel mit größeren Zuckermengen sowie Süßigkeiten erhöhen das Kariesrisiko. Zahnsteinentstehung wird wohl insbesondere durch genetische Faktoren begünstigt. Hier spielen die Speichelzusammensetzung sowie der pH-Wert in der Maulhöhle eine Rolle. Auch zu weiches Futter, das eine geringere Selbstreinigung der Zähne bewirkt, ist ein weiterer Risikofaktor für Zahnsteinbildung. Aus den genannten Gründen ist es empfehlenswert, bereits den Welpen daran zu gewöhnen, sich zur Zahnkontrolle den Fang öffnen zu lassen. Auch die frühzeitige Gewöhnung an Zahnbürste und -pasta ist kein überflüssiger Schnickschnack. Wird bei der regelmäßigen Gebisskontrolle ein erhöhter Reinigungsbedarf ersichtlich, so kann die Zahnbürste problemlos zum Einsatz gebracht werden. Bei älteren Semestern, die solche Maßnahmen nicht mehr akzeptieren, sollten zur Prophylaxe spezielle Kaumaterialien gegeben werden. Diese können allerdings vorhandene Schäden nicht beseitigen, in solchen Fällen muss der Tierarzt eine spezielle Reinigung vornehmen. Zahnschäden sollten also nicht auf die leichte Schulter genommen und als rein kosmetisches Problem betrachtet werden. Es gibt durchaus

Hunde, die eine regelmäßige, tierärztliche Zahnreinigung brauchen. Einmal abgesehen von Auswirkungen auf die Futteraufnahme und Verdauung, stellen Entzündungen im Maul ein Gesundheitsgefahr für den ganzen Organismus dar.

SCHWITZEN Hunde tatsächlich über die Zunge?

In den Sommermonaten nimmt die Zungengröße vieler Hunde schier ungeahnte Dimensionen an. Steigen die Temperaturen, so scheint die Zunge zum lebenswichtigsten Organ zu mutieren. Eine landläufig verbreitete Erklärung hierzu lautet dann, der Hund schwitze über die Zunge und nicht über den Körper. Das ist so schlichtweg falsch, aber ein gutes Beispiel dafür, dass beobachtbares Verhalten zu einer Meinung führt, die man dann für einen Beweis hält (was schon der alte Platon deshalb als „Meinungshaftes Denken" bezeichnete). Tatsächlich befinden sich am Körper des Hundes kaum Schweißdrüsen. Diese finden wir stattdessen im Bereich der Pfoten, wo Hunde recht stark schwitzen können, was jeder wird bestätigen können, der schon

einmal einen Pfotenverband anlegen musste. Diese sind nämlich nach einiger Zeit bei entsprechenden Temperaturen ordentlich durchgeschwitzt, und so mancher hat sich dann sicherlich schon mal gefragt, ob sein Freund unter Schweißfüßen leidet. Auf der Zunge des Hundes, die man nun zwar ohne Übertreibung als äußerst effektive Klimaanlage bezeichnen kann, verdunstet aber keineswegs Zungenschweiß, sondern Speichel- und Bronchialschleim. Hecheln dient demnach der Temperaturregulierung, doch schwitzen können Hunde mit ihrer Zunge – egal welchen Ausmaßes – nicht.

.. Haben Hunde MILCHZÄHNE?

Genau wie bei allen anderen Säugetieren treten in der Individualentwicklung der Hunde zwei Generationen von Zähnen auf: das Milchgebiss und das Dauergebiss. Viele Hundebesitzer sind über diese Tatsache nicht wenig erstaunt, was daran liegen könnte, dass wir unsere vierbeinigen Freunde nach der Übernahme in der Welpenzeit während keiner Phase komplett zahnlos erleben. Bestimmte Zähne brechen relativ spät hervor und werden nicht mehr gewechselt, die sogenannten Molaren; diese und einen Teil der Prämolaren, also die Mahl- und Backenzähne, bekommt der Hund erst zwischen dem vierten und dem siebten Monat. Die Schneide- und Eckzähne des Hundes, die tatsächliche Milchzähne sind, haben als solche zwischen der dritten und sechsten Woche ihren ersten Auftritt; der Zahnwechsel zum Dauergebiss findet hier zwischen dem dritten und siebten Monat statt. Ein paar Zähne hat der Hund also immer in der Schnauze, einen Hirsch in Stücke reißen muss er nicht und fürs Chappi reicht's allemal. Ist das Alter eines Tieres nicht bekannt, ermöglicht der Wechsel verschiedener Zähne zu verschiedenen Zeiten Tierärzten bis etwa zum siebten Monat eine recht exakte Alterseinschätzung.

Wie mache ich meinen Hund zum 5-Sterne-GOURMET?

Eigentlich ist es ganz einfach. Man warte folgende Situation ab: Der Hund frisst seinen Napf einmal nicht leer oder rührt ihn gar nicht erst an. Schon nehme man sich mit besorgter Miene den Napf vor und stecke die eigene Nase – natürlich nur zum Schnüffeln – hinein. Unter mitfühlendem Ausruf und möglichst Tränen in den Augen spreche man aus: „Ja wirklich, das riecht ja nach gar nichts, das staubtrockene Zeug!“, füge flugs etwas Verfeinerndes hinzu und gebe es erneut ins Angebot. Hierbei ist unbedingt darauf zu achten, die Verfeinerung möglichst in feuchtem Zustand darzureichen, da sich die Geschmacksmoleküle ja bekanntlich in feuchtem Milieu besser auflösen. Man stelle nun mit großer Erleichterung und für den Hund klar erkennbar fest: „Gell, nun schmeckt's dir wieder!“ Zeigt sich der Hund das nächste Mal wieder etwas pingelig, so greife man ohne je-

de Verzögerung, damit dem Hund die so notwendige Verknüpfung gelingt, erneut zu diesem bewährten Mittel. Jedoch steigere man die Qualität der Zusätze von Mal zu Mal. Gleichzeitig gehe man aber nicht überhastet vor und achte streng darauf, dass Neues am besten dann akzeptiert wird, wenn gewisse Ähnlichkeiten mit bereits Bekanntem bestehen. Eine Totalumstellung von heute auf morgen darf daher keinesfalls vorgenommen werden. Der beschriebene Weg führt garantiert und ohne Umwege nach Rom: Der Hund wird zu einem echten Gourmet, der innerhalb kürzester Zeit alle wichtigen Sterneköche Deutschlands am bloßen Geruch unterscheiden kann. Möchte man aber mit seinem Hund durchaus ohne Pein noch in ein normales Wirtshaus gehen können, so darf man auf edle Zusätze beim Futter ruhig verzichten.

Sind Rassehunde eine gefährdete Tierart?

... und 10 weitere Fragen zu bunten Mischlingen und rassigen Rassehunden.

Sind Mischlinge GESÜNDER?

Die Tierarztpraxen Deutschlands hört man selten über mangelndes Klientel klagen, und auch die Vielzahl neuer Betätigungsfelder im Bereich der Tiergesundheit vom Akupunkteur bis zum Physiotherapeuten für den Hund scheint ein grausiges Bild über den heutigen Gesundheitszustand unserer Tiere zu zeichnen. Betrachtet man die Patienten in den Wartezimmern genauer, so entsteht der Eindruck einer bunten Palette: klein, groß, alt, jung, reinrassig oder gemixt, alles benötigt tierärztlichen Beistand. Und doch hält sich hartnäckig die Auffassung vom gesünderen Mischling mit der höheren Lebenserwartung. Dabei hat sich unsere „Mischlingslandschaft" in den vergangenen Generationen stark verändert. Fand man früher tatsächlich noch völlig vermischte Mischlinge schier undefinierbarer Herkunft, so sind die gegenwärtigen Mixturen in erster Linie Rassemischlinge der ersten Generation. Somit würde das Argument naheliegen, diesen auch die möglichen Krankheiten ihrer beiden verschiedenen Rasseeltern zu unterstellen, was die Behauptung einer generell höheren Vitalität von Mischlingen widerlegen würde. Dennoch befinden sich auch diese Mischungen aus zwei Rassen gegenüber vielen reingezücheten Tieren im Vorteil, da sie nicht ingezüchtet sind und sich einer größeren genetischen Vielfalt erfreuen, die von der sogenannten Kreuzungsvitalität (auch Heterosis genannt) bedingt wird. Allerdings entfaltet diese Kreuzungsvitalität ihre positiven Auswirkungen, wie gute Fruchtbarkeit, Langlebigkeit und Widerstandkraft, in vollem Ausmaß erst, wenn sich ein Zwei-Rassen-Mischling mit einem anderen Mischling oder einem Hund einer dritten Rasse verpaart. Treffen zwei Hunde unterschiedlicher Rasseprovinienz aufeinander, die beide Träger ein und derselben Erbkrankheit sind, dann wird auch ihr Abkömmling oft nicht die dominanten Gene erhalten, die diesen Defekt verhindern können. Allerdings ist die Wahrscheinlichkeit, dass zwei rasseverschiedene Hunde, die sich paaren, an der gleichen Erbkrankheit leiden, rein statistisch gesehen einfach geringer. Studien, die die längere durchschnittliche Lebenserwartung und verringerte Krankheitsanfälligkeit von Mischlingshunden aufzeigen, gibt es durchaus. Ergebnisse einer Studie aus dem Jahr 2006 wiederum stellen die prinzipiell bessere Gesundheit von Mischlingen infrage. Diese Uneindeutigkeit hängt womöglich damit zusammen, dass viele Untersuchungen zu diesem Thema leider die notwendige methodische Klarheit vermissen lassen. Oftmals werden Rassemischlinge der ersten Generation nicht von anderen Mischungen unterschieden, und gelegentlich schert man beim Vergleich sogar alle Rassen über einen Kamm, was ebenfalls problematisch ist. Prinzipiell beantwortbar scheint diese Frage also derzeit (noch) nicht zu sein.

Warum gelten Mischlinge als klüger – und Rassehunde oft als DUMM?

Bei Rassehunden spricht man häufig vom Problem der Inzuchtdepression. Diese soll nicht nur eine Verschlechterung der Vitalität, sondern auch der Intelligenz mit sich bringen, womöglich eine Ursache dafür, dass man den Mischlingshund gemeinhin für klüger hält. Doch die Sache mit der Klugheit verhält sich weitaus multikausaler als oft angenommen und entscheidet sich nicht ein für allemal bei der Verpaarung der Elterntiere. Möchte man zunächst unter dem Begriff der Intelligenz eine hohe Lernfähigkeit verstehen, so muss man wissen, dass diese vor allem durch entsprechende Förderung in den ersten Lebenswochen geweckt wird. Ein Tier, das in dieser Phase vielfältige Stimuli und altersgemäße Lernmöglichkeiten erhält, bekommt – ganz gleich ob Mischling oder Rassehund – das optimale Starterpaket. Der Grund dafür, dass gerade in den letzten Jahre so oft von der vermeintlichen Dummheit einiger Rassehunde zu hören ist, hat womöglich rein ökonomische Ursachen. Wird eine bestimmte Rasse zum Modehund, so finden sich ganz schnell gewissenlose Händler, die auf dieses Pferdchen setzen. Greift man zur Wochenendausgabe einer beliebigen Tageszeitung, so stößt man garantiert auf entsprechende Angebote gerade beliebter Hunderassen. Genauere Überprüfungen zeigen schnell, dass die Anbieter weder einem anerkannten Dachverband angehören noch seriöse und nachprüfbare Aussagen darüber machen, wo ihre Tiere herkommen. Aus dubiosen Quellen werden Welpen besorgt, die äußerlich dem Rasseideal nahekommen. Dass bei dem potenziellen Kunden das Auge mitentscheidet, hat sich auch bis in diese Kreise herumgesprochen, und so sitzen die Welpen zwar in zumeist klinisch sauberen Zwingern oder hübschen Räumen in netten Körbchen, aber ohne beständigen menschlichen Kontakt und abgeschirmt von prägenden Außenreizen. Vielen Hundefreunden ist die Fatalität einer solchen Haltung nicht bewusst und auch nicht, dass diese Reizarmut zu einer Verminderung der Lernfähigkeit führt. Mischlingen würde ein solches Schicksal unter ähnlich schlechten Bedingungen ebenso drohen – nur lassen sich mit diesen eben keine vergleichbar hohen Gewinne erzielen. Der Preis, den diese gewissenlosen Kapitalisten verlangen, liegt nämlich mittlerweile keineswegs mehr deutlich unter dem des seriösen Züchters.

Wo liegen die Ursprünge der modernen RASSEHUNDEZUCHT?

Die systematische Rassehundezucht der Gegenwart ist eine recht junge Angelegenheit. Das mag zunächst verblüffen, hat man doch häufig Rassebeschreibungen im Ohr, die sich bei der Herkunftsgeschichte auf geradezu prähistorische Zeiten zu berufen scheinen. Und dennoch: Die planmäßige Erfassung von Hunden nach ihrer Rasse in sogenannten Stammbüchern und ihre Bewertung auf Ausstellungen ist eine Erfindung der Viktorianischen Epoche. Die englische Monarchin Queen Viktoria, die das Land von 1837 bis 1901 regierte, führte diese epochemachenden und weitreichenden Neuerungen während ihrer Amtszeit ein. Damit sollte sie das Zuchthundewesen bis zum heutigen Tage prägen. Hatte es zwar vor der Einführung dieses Systems bereits Anstrengungen gegeben, Hunde nach Stammbaum zu züchten, so gingen diese jedoch auf die Initiative von Einzelpersonen zurück und unterlagen bis dato keinerlei Kontrolle. Die Systematisierung der Hundezucht führte zunächst zu einem unglaublichen Aufstieg des Rassehundewesens. Die erste Hundeausstellung fand 1859 in England statt, 1863 folgte die erste Hundeschau Deutschlands in Hamburg. Doch schon bald zeigten sich auch Nachteile geschlossener Zuchtbücher und schädlicher Übertypisierung: Inzucht, Verarmung der genetischen Variabilität, Zunahme rassespezifischer Krankheiten. Doch man blieb lernfähig im Vereinigten Königreich. 1996 nahm der englische Kennel Club eine geradezu revolutionäre Änderung seines züchterischen Paradigmas vor. So dürfen nunmehr unter bestimmten Bedingungen auch Hunde eingetragen und somit zur Zucht verwendet werden, deren Herkunft unklar ist, und nicht mehr nur solche, deren beide Eltern registriert sind. Davon erhofft man sich eine Abmilderung der negativen Seiten jahrzehntelanger genetischer Abschottung.

Sind Rassehunde eine GEFÄHRDETE Tierart? Als staunender Betrachter der Welt hat man heutzutage den Eindruck, es entstünden fast täglich neue Hunderassen, und in der Tat bevölkern mittlerweile uns einstmals völlig unbekannte Rassehunde mit so wohlklingenden Namen wie Magyar Vizsla, Do Khyi, Lagotto Romagnolo, Spinone Italiano usw. auch unsere Straßen. Kaum zu glauben, dass angesichts dieser Vielfalt jemand auf die Idee kommen könnte, Rassehunde als mehr oder weniger gefährdete Tierart zu bezeichnen. Dennoch finden sich ernst zu nehmende Stimmen, die genau dies behaupten, was sich jedoch weniger auf die Quantität unserer rassigen Vierbeiner als auf die Qualität bezieht. Forscher, die sich mit Populationsgenetik beschäftigen, warnen mit Blick auf die derzeitige genetische Struktur von Rassehunden vor den weitreichenden gesundheitlichen Folgen und weisen auf die notwendige Verbesserung der Gesundheit zur Rettung der Rassehunde hin. Empfohlen wird von ihnen eine relative Reinrassigkeit, das heißt eine periodische, geplante Zufuhr von Fremdblut verwandter Rassen, wobei die Bewahrung der Übereinstimmung mit dem Rassestandard anzustreben ist. Vielversprechende Ansätze hierzu kommen zurzeit aus Skandinavien und den Vereinigten Staaten.

Spielt bei der Freizeitgestaltung die RASSE des Hundes eine Rolle? Viele rassespezifische Merkmale unserer Hunde sind für uns eine echte Herausforderung und müssen, möchte man ein ausgeglichenes Zusammenleben ohne Neurosen und sonstige Verhaltensauffälligkeiten gewährleisten, unbedingt berücksichtigt werden. In der Regel reichen 08/15-Spaziergänge hierzu nicht aus. Reiz- und rassespezifische Beanspruchung ist die Zauberformel. Auch wenn dies vor allem für die Spezialisten unter unseren Hunden gilt, ist der „gemeine Haushund" ebenso ein dankbarer Abnehmer entsprechender Angebote. Jadghunde müssen die Gelegenheit zu Schnüffel- und Nasensuchspielen bekommen, Hütehunde und Pudel zu Bewegungs-, Lern- und Intelligenzspielen. Apportierhunde sollten regelmäßig und variabel Gelegenheit haben, ihre Geschicklichkeit beim Aufgreifen von Gegenständen zu beweisen. Gebrauchs- und Wachhunderassen sind mit Spielen und Übungen, die ihre Sinne und ihre Beweglichkeit beanspruchen, gut bedient. Terrier kommen bei Buddel- und Rennspielen auf ihre Kosten. Kleinhunderassen kann man zwar keine großen Sprünge zumuten, sie sind jedoch äußerst dankbar für die Beanspruchung ihrer Intelligenz beim Erlernen von Tricks, auch Suchspiele werden von ihnen geschätzt. Nordische Rassen und Windhunde müssen in ihrer Freizeit schnell und ausdauernd rennen dürfen. Nennt man einen anspruchsvollen Spezialisten sein Eigen, sollte außerdem dringend darauf geachtet werden, die vorhandenen und zu befriedigenden Bedürfnisse des Tieres nicht durch übertriebene Freizeitgestaltung in ungeahnte Höhen zu treiben. Zugegeben, hier den Weg der goldenen Mitte zu finden, ist nicht leicht, aber der Preis, den man für den Spezialisten am anderen Ende der Leine eben zahlen muss.

Sind bestimmte Rassen besonders KINDERFREUNDLICH?

„Muss der sich das eigentlich gefallen lassen?" So fragt man sich bei der Betrachtung mancher Steppkes, die beim Versuch, ihr neues Matchboxauto im Ohr des Hundes zu parken, dessen Geduld doch gehörig strapazieren. „Aber diese Rasse ist doch so kinderfreundlich", wird man dann mithin belehrt. „Das war uns bei der Auswahl außerordentlich wichtig!" Also alles nur eine Frage der richtigen

Rasse? Zweifellos gibt es bestimmte Rassen bzw. vierbeinige Einzelexemplare, die durch Eigenschaften wie ein gemäßigtes Temperament, eine besonders hohe Reizschwelle und körperliche Unempfindlichkeit für das Zusammenleben mit Kindern gut geeignet sind. Dennoch sollten diese Qualitäten nicht automatisch mit dem Prädikat „besonders kinderfreundlich" gleichgesetzt werden, denn ein eigenes Gen für Kinderliebe bei Hunden wurde bislang nicht entdeckt. Wissenschaftler weisen schon seit einer Weile darauf hin, dass die hohe interindividuelle Variabilität von Rassen allgemeingültige Aussagen zum Verhalten insgesamt problematisch macht. Und so muss jeder Hundebesitzer, der sich einen kinderfreundlichen Vierbeiner wünscht, zuallererst dafür Sorge tragen, dass dieser ein solcher überhaupt sein und schließlich bleiben kann. Daher müssen hundliche und kindliche Grenzüberschreitungen von Erwachsenen unterbunden werden; die Tatsache, dass viele Hunde mit wahrhaftiger Engelsgeduld kindliche Experimentierfreude über sich ergehen lassen, darf nicht zu der Annahme verleiten, sie seien dabei glücklich. Keinem Hund sollte zugemutet werden, alles hinnehmen zu müssen, nur weil irgendwann einmal jemand das Prädikat „besonders kinderfreundlich" über ihn verhängt hat, welches im Übrigen schnell zum Damokles-Schwert werden kann.

.. Warum leben kleine Rassen LÄNGER?

Bei dem Wissen um die längere Lebenserwartung von kleinwüchsigen Hunderassen im Gegensatz zu ihren großen Artgenossen herrscht zwischen Volksmund und Forschung seltene Einigkeit: Je größer ein Hund, desto kürzer seine Lebensspanne. Giganten unter den Rassen wie der Irish Wolfhound leben nur durchschnittliche sechs bis sieben Jahre, während kleine Rassen im Durchschnitt über lockere zehn Jahre kommen.

Forscher liefern interessante Thesen für diesen Tatbestand. Gerade bei großen, seltenen Rassen verweist man auf die Gefährdung durch zwangsläufige Inzucht, die sowohl die Lebenserwartung senken als auch den Alterungsprozess beschleunigen soll. Systematische Untersuchungen über die Lebensdauer großer und kleiner Mischlinge der zweiten und dritten Generation könnten hierzu aufschlussreiche Einblicke geben, da diese von negativen Inzuchtauswirkungen ja weniger betroffen sein dürften. Auf weitere diesbezügliche Untersuchungen darf man also gespannt sein. Eine weitere bemerkenswerte und äußerst einleuchtende These zur Langlebigkeit betont die vergleichsweise stärkere Bewegungseinschränkung von großen gegenüber kleinen Hunden: Ein kleiner Hund läuft selbst an der Leine immer im Trab und kann sich sogar innerhalb der eigenen vier Wände in diesem seinem Lieblingstempo bewegen, womit er ein tägliches und vor allem ständiges Kreislauftraining absolviert, das dem großen Hund hingegen nur bei Freilauf ohne Leine gegeben ist.

.. Was sind eigentlich QUALZÜCHTUNGEN? „Überaus schlimm jedoch wird die Sachlage, wenn die allmächtige Tyrannin Mode sich anmaßt, dem armen Hund vorzuschreiben, wie er auszusehen hat." Dieses Zitat des berühmten Verhaltensforschers Konrad Lorenz aus dem Jahr 1963 bringt die Ursache des Elends qualgezüchteter Hunde auf den Punkt. Als Quälerei anzusehen sind zunächst einmal alle extremen körperlichen Merkmale, die das Wohlbefinden des Tieres einschränken. Doch auch Zuchtpraktiken werden in Zusammenhang mit dem Begriff Qualzüchtung mittlerweile diskutiert. Sogar der Europarat in Straßburg hat dieses Problem erkannt und 1995 die sogenannte „Multilaterale Konvention zum Schutz von Heimtieren" verabschiedet. In dieser Entschließung finden sich Richtlinien über eine Revision von Zuchtpraktiken. So werden Höchst- und Mindestgewichte für sehr große und sehr kleine Hunde empfohlen, um Skelettprobleme zu vermeiden, außerdem Maximalwerte für das Längen-Höhen-Verhältnis kurzbeiniger Hunde zur Verhinderung von Wirbelsäulenschäden. Weiter rät man zu einer Mindestschädelgröße, um Atmungs- und Geburtsprobleme zu verringern. Die Züchtung von Tieren mit Fontanellen, mit abnormen Stellungen von Zähnen und Gliedmaßen, abnormen Größen und Formen von Augen und Lidern, mit zu langen Ohren und zu starker Faltenbildung wird ebenfalls abempfohlen. Mit aufgenommen in diese Liste der züchterischen „Don'ts" wurde auch die Zucht von Hunden, bei denen rezessive Gendefekte auftreten. Diese Liste ist weder vollständig oder bindend noch unumstritten. Es mag sicherlich schwer zu definieren sein, ab welchem Grad der Ausprägung eines bestimmten Merkmals man von Qualzüchtung sprechen kann. Dennoch sollten der menschlichen Tyrannenherrschaft hier klare Grenzen gesetzt werden. Die Empfehlungen des Europarats sind immerhin ein Schritt in diese Richtung.

Landen Mischlinge eher im TIERHEIM?

Seit nunmehr Jahrzehnten existiert die weitverbreitete Meinung, nach der Mischlinge eher im Tierheim landen als Rassehunde. Man führte dies darauf zurück, dass bei der Anschaffung eines vergleichsweise teuren Rassehundes wesentlich genauer überlegt wird, ob und wie man die vielfältigen Ansprüche der Hundehaltung überhaupt stemmen kann. Tatsächlich sind eine Vielzahl der Tierheiminsassen Mischlinge. Der einfache Rückschluss, dass diese leichtfertiger an- und wieder abgeschafft werden und Rassehunde aufgrund ihres Preises besser vor menschlicher Leichtfertigkeit geschützt sind, ist dennoch ein Trugschluss. Zunächst einmal muss die Gesamtanzahl der Mischlinge im Verhältnis zur Gesamthundepopulation berücksichtigt werden. Da es nun einmal mehr Hunde gemischter Herkunft bei uns gibt als Rassehunde, sind die Erstgenannten nicht nur in den Wohnungen, auf den Straßen und in den Parks in der Mehrzahl, sondern auch in den Tierheimen. Allein die Anzahl der Mischlingsinsassen im Vergleich zu den Stammbaumträgern in den Tierheimen macht Rückschlüsse der genannten Art also noch lange nicht richtig. Hinzu kommt, dass Rassehunde auf privatem Wege deutlich höhere Vermittlungschancen haben als Mischlinge; in öffentlichen Tierheimen tauchen diese Hunde also gar nicht erst auf. Es gibt noch weitere Punkte, die die pauschale Auffassung vom unbedacht besorgten Mischling und vom wohlabgewägt gekauften Rassehund relativieren. Seit einigen Jahren nämlich ist auch die Werbung auf den Hund gekommen. Dabei geht es schon lange nicht mehr nur darum, die dazugehörigen Besitzer mit all dem zu beglücken, was der Hund jahrtausendelang überhaupt nicht vermisst hat. Der Hund dient in der Werbung für völlig hundeferne Produkte auch als Träger von Werten, die mit dem, was verkauft werden soll, rein gar nichts zu tun haben: Jugend, Beweglichkeit, Glück und Wohlstand. Bei dieser werbetypischen Strategie ist der Hund Begleiter jung gebliebener, älterer Menschen, denen suggeriert werden soll, sie müssten eine bestimmte Versicherung abschließen; oder er gehört zum Glück einer perfekten, jungen Familie, die mit strahlenden Gesichtern einen Magarineaufstrich verzehrt; er verschönert den Perserteppich eines Geschäftsmannes, der sich bei Sonnenuntergang in aller Ruhe ein alkoholisches Getränk gönnt. Sehr häufig sind Werbeschaffende der Meinung, eine bestimmte Rasse passe hier ganz genau ins Konzept, und eben diese findet sich – nach entsprechend wochenlanger Berieselung der Zuschauer – zuerst in den Wohnstätten der Menschen und schließlich auch vermehrt in den Tierheimen wieder. Zurzeit erleidet beispielsweise der Shar Pei dieses Schicksal. Viele, gerade exotischere oder doch zumindest anspruchsvolle Hunderassen werden durch die Werbung erst bekannt und populär, und was auf dem Fuße folgt, sind häufig überforderte und verzweifelte Ersthundebesitzer am Rande des Nervenzusammenbruchs. Der höhere Kaufpreis schützt diese als Schmuckstücke oder Statussymbole missbrauchten Rassehunde keineswegs vor den Torheiten menschlicher Beeinflussbarkeit, und gerade sie sind es, die heutzutage leichtfertig angeschafft werden und deswegen vermehrt in den Tierheimen landen.

Gibt es einen Trick bei der AUSWAHL eines seriösen Züchters?

Die meisten potenziellen Hundebesitzer bereiten sich vor ihrem ersten Besuch beim Züchter sorgfältig vor. Freunde und Bekannte mit Hunden werden befragt, Bücher werden gewälzt, Fragekataloge angelegt. Doch auch Hundezüchter stellen sich auf den Besuch eventueller Käufer in der Regel gut ein. Und sie haben dem Besucher eines häufig voraus: Erfahrung nicht nur im Umgang mit dem Hund, sondern vor allem auch mit dem Kunden. Daher werden sie, was völlig legitim ist, bemüht sein, diesem ein positives Bild ihrer züchterischen Bemühungen zu vermitteln. Wie ernst gemeint diese Bemühungen jedoch sind, kann ein unangekündigter Kurzbesuch, bei dem man „ganz zufällig gerade in der Nähe war", offenbaren. Ein solcher ist zwar aufgrund großer Entfernungen leider nicht immer leicht zu realisieren, dafür jedoch unter Umständen umso informativer. Auf diese Weise kann man nämlich feststellen, ob die Welpen wirklich so familienintegriert gehalten werden, wie am Telefon behauptet wird, und nicht nur zu verkaufsfördernden Zwecken aus dem abgelegenen Zwinger in die Wohnung geholt werden. Außerdem kann man sich von der Existenz der Mutterhündin überzeugen, die bei Hundehändlern seltsam oft just zum Moment eines verabredeten Treffens von einem lieben Nachbarn ausgeführt wird, angeblich, damit sie sich etwas von ihrer Brut erholen kann. Ein seriöser Züchter, der Wert auf ebensolche seriösen Käufer legt, wird sich die Motive eines derart unangekündigten Überfalls im Nachhinein gerne erläutern lassen und ihn nicht übel nehmen.

Sind Rassehunde RASSISTISCH?

In Welpenspielgruppen beobachtet man häufig folgendes Phänomen: Sobald zwei oder mehrere Vertreter einer Rasse aufeinandertreffen, spielen diese nur noch untereinander und haben für die Schönheit und den Reiz der Vielfalt in der Spielgruppe scheinbar jeglichen Blick verloren. Keine Lust auf Multi-Kulti? Oder sind diese Exemplare am Ende gar – Gott behüte – rassistisch? Eine solche Sichtweise wäre nicht nur höchst interpretativ, sondern spekulativ und ein gutes Beispiel für die unangemessene Übertragung menschlicher Maßstäbe auf Tiere. „Schuld“ an diesem Verhalten ist schlicht der natürliche Vorgang der Prägung. In den ersten Lebenswochen bis zu seiner Abgabe hat der junge Hund innerartlich in der Regel fast ausschließlich Kontakt zu Hunden, die aussehen wie er selbst: Muttern und die Wurfgeschwister. Alle Erfahrungen, so auch die lustvollen des Spielens, macht er also zunächst mit seinesgleichen. Trifft er nun auf Artgenossen, die diesem äußeren Muster entsprechen, wird er mit hoher Wahrscheinlichkeit versuchen, die früh eingeprägten, angenehmen Erlebnisse zu wiederholen, denn jedes Lebewesen strebt nach dem Lustvollen. Oft verliert sich dieses Phänomen im Erwachsenen- bzw. Junghundealter, da Hunde durch das Zusammenführen mit Hunden jeglicher Couleur lernen, dass lustvolles Spiel auch mit anderen möglich ist, oder einfach, weil die Spielfreude beim erwachsenen Hund insgesamt nachlässt.

Wenn Hunde nicht alleine bleiben – Der ultimative Liebesbeweis?

... und 11 weitere Fragen über tatsächliche Erziehung und vermeintliche Seelennöte.

Haben Behindertenbegleithunde ein HELFERSYNDROM?

Den lieben langen Tag herumgeschickt werden, Waschmaschinen ein- und ausräumen, das Telefon nur für andere abheben und selbst gar nicht angerufen werden, Pantoffeln bringen. Der Albtraum einer jeden Ehefrau und auf Dauer sicherlich optimal geeignet, jede auch noch so Erfolg versprechende Beziehung zum Scheitern zu bringen und sich eines langen Singlelebens zu erfreuen. Und wie geht es den Behindertenbegleithunden, deren Aufgabenfeld sich ja nun 1 : 1 mit dem oben Beschriebenen deckt? Würden auch sie lieber ihre Koffer packen und tun dies nur deswegen nicht, weil sie weder auf Hartz IV noch auf Unterhaltszahlungen pochen können? Betrachten wir einmal, welche Hunde uns in diesem Bereich überhaupt begegnen: vorwiegend Labradore, Schäfer- und Hütehunde. Gewisse Rassen wie etwa den Beagle, den Terrier oder den Herdenschutzhund wird man in diesen Gefilden eher selten antreffen können. Und so schwant einem wieder einmal Folgendes: Nicht jede Rasse eignet sich für diesen Beruf, und unterhält man sich mit Behindertenhundeausbildern, so erfährt man, dass auch nicht jeder Labrador ein guter Behindertenhelfer werden kann. Der entsprechende Hund muss seine Aufgaben gern und ohne „Ja, aber später" erfüllen wollen und insgesamt über eine sehr hohe Kooperationsbereitschaft verfügen.

Durch übermäßige Verselbstständigungstendenzen sollte er nicht auffallen. Diese Hunde sind also weder krank noch unglücklich, sondern einfach äußerst gut geeignet. Ein psychotherapeutisch attestiertes Helfersyndrom ist bei Hunden derzeit nicht bekannt.

Gibt es ERZIEHUNGSRESISTENTE Hunde?

„Das ist die Rasse, die folgt einfach nicht!" Handelt es sich bei dieser Aussage nur um eine faule Ausrede oder tut man betroffenen Besitzern mit dem stillen Vorwurf der Unfähigkeit gar tiefes Unrecht? Ein amerikanischer Forscher hat Befragungsergebnisse älteren Datums zu diesem Thema mit eigenen, groß angelegten Untersuchungen, bei denen 110 Rassen geprüft wurden, verglichen und ist dabei zu aufschlussreichen Ergebnissen gekommen. Getestet wurde die Gehorsamsbereitschaft dem Menschen gegenüber, die ja häufig mit den eigentlich

hundlichen Bedürfnissen und Interessen kollidiert. Unter den sehr gut trainierbaren Hunden fanden sich unter anderem folgende, auch bei uns beliebte und verbreitete Hunderassen: der Pudel, der Golden Retriever, der Labrador Retriever, der Deutsche Schäferhund und der Collie. Eine schlechte Trainierbarkeit wurde folgenden Hunden attestiert: dem Beagle, einigen Jagdhunde- und Terrierrassen, dem Chow Chow, dem Afghanen, dem Pekingesen und dem Mastiff. Der allgemeine Trend dieser Untersuchung spricht also von gut erziehbaren Retrievern, Hüte- und Gebrauchshunderassen und von schwer erziehbaren Terriern. Grund für dieses schlechtere Abschneiden der genannten Rassen ist jedoch nicht mangelnde Intelligenz im herkömmlichen Sinne. Die Intelligenz eines Hundes nämlich lässt sich keineswegs auf den Faktor der Kooperationsbereitschaft mit dem Menschen reduzieren. Es sind individuelle und vor allem aber rassespezifische Persönlichkeitsmerkmale, die einigen Hunden das Folgen tatsächlich schwerer machen. Hunde, bei denen bestimmte Eigenschaften besonders stark ausgeprägt sind, wie beispielsweise der Geruchssinn beim Beagle oder bei anderen Jagdhunderassen, werden von einer einmal aufgenommen Spur so stark in Anspruch genommen, dass sie für menschliche Kommandos in diesem Moment weitaus weniger zugänglich sind. Hunde, bei denen man während der ganzen Rassehistorie viel Wert auf Selbstständigkeit gelegt hat, wie beispielsweise bei Windhunden, können dem Menschen nicht die Unterordnungsbereitschaft einiger Gebrauchshunderassen bieten. Da man jedoch auch bei schwerer erziehbaren Hunden von einer prinzipiellen Lernfähigkeit ausgehen darf – man bedenke nur, wie schnell mancher Jagdhund lernt, einer ganz bestimmten Fährte zu folgen –, sollte man die Flinte nicht allzu schnell ins Korn werfen. Man betrachte die Erziehung eines solchen Hundes als echte Herausforderung im besten Sinne, nutze die Eigenschaften des Tieres nicht, um es sich bequem zu machen, und weiche entmutigenden Vergleichen mit anderen Hunden geschickt aus. Die Fokussierung auf das im eigenen Fall tatsächlich Machbare kann dabei eine gute Hilfe sein.

Wenn Hunde nicht alleine bleiben – Der ultimative LIEBESBEWEIS?

Unruhiges Umherlaufen, anhaltendes Jaulen, Bellen oder Winseln, Zerstörungswut, unkontrollierter Harn- und Kotabsatz, Speicheln, Erbrechen, exzessives Felllecken, Apathie: ausgewählte Spuren aus dem dramatischen Leben von Hunden, die nicht alleine bleiben können. Führt man sich einmal bildlich die Konsequenzen nur einer dieser Verhaltensweisen vor Augen, wird deutlich, warum Halter solcher Hunde selten zu einem Kino- oder Theaterbesuch überredet werden können. Eine übergroße Liebe zum Besitzer, so hört man oft, sei die Ursache dieses Benehmens. Betrachtet man derart auffällige Hunde in ihrem Gesamtverhalten und ihrer Kommunikation mit dem Besitzer genauer, so fallen diese oft durch eine extreme Anhänglichkeit, vor

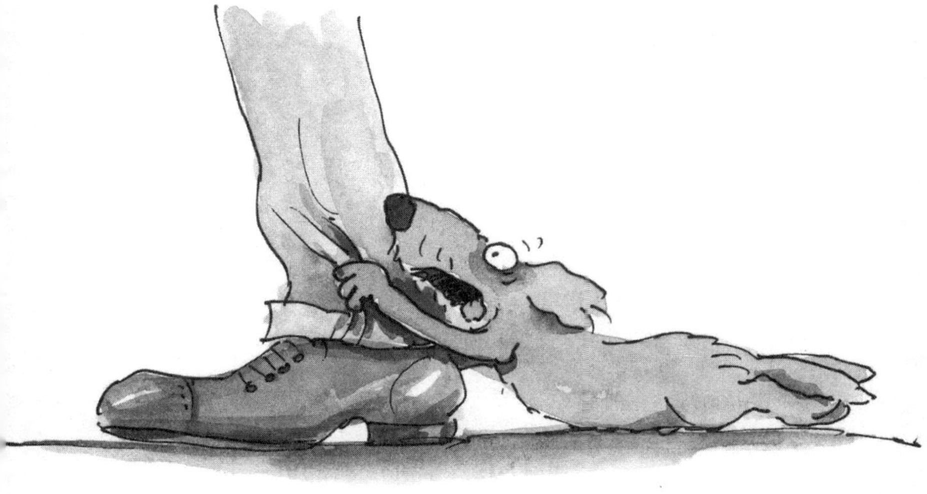

allem aber Unselbstständigkeit auf. Auch bei Anwesenheit des Menschen verfolgen sie diesen auf Schritt und Tritt und suchen dabei sehr häufig Körperkontakt. In der Regel kommt aufmerksamkeitsheischendes Verhalten außerhalb des Hauses hinzu. Die Unselbstständigkeit dieser Tiere wird vom Menschen oft unbewusst bestätigt und gefördert: Dem Wunsch des Hundes nach Körperkontakt und Nähe wird ständig entsprochen bis hin zum Geleit auf die Toilette und zum Schlafen im Bett. Rein biologisch betrachtet handelt es sich hierbei um eine unzureichende Anpassungsfähigkeit des Hundes an die Umwelt, die es von Zeit zu Zeit verlangt, mit dem Alleinsein zurechtzukommen. Die starken körperlichen und seelischen Stresssymptome, die trennungsängstliche Hunde zeigen, aber als Liebesbeweis zu interpretieren, stürzen Mensch und Hund dabei in einen kaum zu durchbrechenden Teufelskreis. Hunden mit Separationsängsten kann heutzutage therapeutisch wirkungsvoll geholfen werden, wenn die dazugehörigen Besitzer bereit sind, die angeblich übergroße Liebe ihrer Tiere als Wurzel des Übels zu akzeptieren und ihnen zu mehr Distanz und Selbstständigkeit zu verhelfen.

Dominieren **BISSIGE** Hunde ihre Besitzer?

Auch wenn die Definition sowie die Bestimmungskriterien für Dominanz umstritten sind, ist es zur Überwindung des Vorurteils „Bissige Hunde dominieren ihre Menschen" hilfreich, einmal eine wissenschaftliche Definition wie die folgende zurate zu ziehen: „Dominanz bedeutet, dass in einer Beziehung *A* die Freiheit von *B* regelmäßig einschränkt bzw. sich selbst ein hohes Maß an Freiheit zugesteht, ohne dass *B* effektiv etwas dagegen tut, sondern diese Einschränkung ohne deutliche und effektive Gegenwehr duldet." Dabei wird außerdem immer die hohe Souveränität und Gelassenheit der entsprechenden Tiere betont. In den letzten

Jahren ist zum hundlichen Aggressionsverhalten viel geforscht und in diesem Zusammenhang gerade bei häuslichen Beißunfällen die Aggression aus Ausweglosigkeit betont worden. Hierbei sind die „Beißer" in der Regel geprügelte, unterdrückte Tiere, die mit der generellen Annäherung von Menschen in für sie ausweglosen Lagen ein großes Problem haben und durch die Flucht nach vorne versuchen, die kritische menschliche Distanzunterschreitung zu verhindern. In solche Situationen können vor allem Halter von sehr unsicheren Hunden unbekannter oder dubioser Herkunft in den ersten Phasen nach der Übernahme geraten. Ebenso wenig zur genannten Definition passt der Typus des schnappenden, sozial unsicheren Aufsteigers, der vom Menschen durch Zuweisung von Privilegien in ungeahnte Höhen katapultiert wird und damit schlicht überfordert ist. Bissigkeit und dominantes Verhalten sind, sofern man Letzteres richtig versteht, somit eher als Gegensätze zu betrachten, denn als Ursache und Wirkung.

Wenn Hündinnen keine fremden Welpen mögen: ein Fall für den PSYCHIATER?

Immer wieder erfreuen uns in der Regenbogenpresse Geschichten aus Tausendundeiner Welt der Rührseligkeiten wie die folgenden: „Weil die eigene Mama es nicht wollte: Schäferhündin zieht Ferkeljunges groß!" Oder: „Die Erdmännchen im Zoo sind gerettet Hündin Senta spielt Amme!" Edel sei der Hund, hilfreich und gut! Den Wahrheitsgehalt dieser und ähnlicher Berichte können wir selten überprüfen, dafür aber das Verhalten der eigenen Vierbeiner, welches ganz und gar nicht im-mer so altruistisch daherkommt und uns oft genug an den Lassie-Qualitäten unserer Hunde zweifeln lässt. So manche Besitzer von Hundedamen müssen sich damit abfinden, dass ihr Exemplar

recht unleidlich auf fremde Welpen reagiert, und zwar wohlgemerkt bereits auf fremde Hundewelpen, von Ferkeln und Erdmännchen ganz zu schweigen! Sofort kommt einem der berühmte Welpenschutz in den Sinn, von dem ja wohl die sich unbotmäßig verhaltenden Hündinnen noch nichts gehört haben können! Ist man also endlich einer neuen Verhaltensstörung auf die Spur gekommen? Dealtruisierende Welpenpsychose mit binärer posttraumatischer Dysfunktion? Diese Diagnose – ebenso wie die stationäre Aufnahme in einer Klinik – wäre sicherlich verfrüht, denn von einem generellen Welpenschutz kann man nicht ausgehen. Hündinnen müssen in die Aufzucht der eigenen Brut – auch wenn diese nur potenziell existiert – eine Menge Energie und Aufwand investieren, dazu benötigt man Ressourcen und Unterstützung und keine störende Konkurrenz. Am besonderen Schutz von jungem Gemüse, das nicht aus dem eigenen Garten stammt, sind Hündinnen somit keineswegs immer interessiert und können sich diesem gegenüber abweisend bis auch heftig abwehrend verhalten. Es ist daher nicht zu erwarten, dass sich das Ammentum bei Hündinnen flächendeckend durchsetzen wird.

Soll man Hunde, die am Futternapf KNURREN, bestrafen?

Der Klassiker des knurrenden Hundes am Futternapf oder Kauknochen erfährt täglich eine Vielzahl von Neuauflagen. Die Verunsicherung des Hundefreundes ist groß: Riskiert er einen nicht wiedergutzumachenden Gesichtsverlust, wenn der Hund nun nicht unmissverständlich in seine Schranken gewiesen wird? Diese Angst kann dem Hundehalter zunächst genommen werden: Man geht heutzutage davon aus, dass hierarchische Beziehungen zwischen Mensch und Hund nicht statisch, sondern veränderbar sind. Sollte also eine gestörte Mensch-Hund-Hierarchie der Grund für das Benehmen des Hundes sein, so besteht jederzeit die Möglichkeit, diese durch menschliche Verhaltensumstellung positiv zu beeinflussen. Wie auch immer: Prinzipiell sollte man in einer solchen Situation keinesfalls auf Konfrontationskurs gehen. Die möglichen Gefahren, die daraus entstehen können, sind nämlich nicht zu unterschätzen, und weder eine körperliche Verletzung des Menschen noch ein Vertrauensverlust beim Hund sind wünschenswert. Verharmlosen aber sollte man ein solches Verhalten auch nicht, denn häufig ist es ein Symptom dafür, dass in der Mensch-Hund-Beziehung einiges nicht stimmt. Die Ursachen können vielfältig sein, und für den Laien sind die Zusammenhänge zwischen seinem eigenen Verhalten und dem des Hundes nicht immer leicht zu durchschauen. Daher sollte man in diesem Fall professionelle Hilfe in Anspruch nehmen: Futteraggression ist mittlerweile sehr gut und ohne Gewaltmaßnahmen behandelbar.

Mein Hund kann Sitz und Platz nicht unterscheiden. Ist er LERNBEHINDERT?

Beim Menschen sind Legasthenie und Dyskalkulie weitverbreitete Erscheinungen, und die breite Anerkennung und Aufmerksamkeit, die der Lese- bzw. Rechenschwäche mittlerweile entgegengebracht wird, erleichtert den Betroffenen ihr Dasein ebenso wie die effektiven Therapien dagegen. Gibt es unter Hunden ähnliche Erscheinungen? Onomasthesie beispielsweise, bei der betroffene Hunde selbst einfachste Wörter nicht unterscheiden können? Tatsächlich raufen sich viele Hundebesitzer die Haare: Sagen sie Sitz, legt er sich hartnäckig hin, je öfter das Wort wiederholt wird, desto platter. Sagen

Mach schön Sitz! Hörst du? Sitz! Sihitz! Oder besser: Platz! Äh ... also Hinlegen. Verstehst du?
Bla bla bla bla bla bla bla bla bla bla bla bla bla bla bal bla bla bla

sie Platz, setzt er sich und wedelt freudig mit dem Schwanz! Also nichts wie auf zum Hundepsychologen? Probleme in der Kommunikation zwischen Mensch und Hund resultieren vor allem in der unterschiedlichen Wahl der Kommunikationsmittel. Menschen kommunizieren verbal – Hunde hingegen vor allem nonverbal über Körpersprache. Daraus können sich eine Menge Missverständnisse ergeben, die mit einer Lernbehinderung des Hundes allerdings rein gar nichts zu tun haben. Zur besseren Unterscheidung bestimmter Begriffe sollte Mensch daher eine deutliche stimmliche Unterscheidung vornehmen: der hohe Vokal „i" bietet ein lang gezogenes Siiitz von Haus aus an, der tiefe Vokal „a" erlaubt eine ganz andere stimmliche Modulation. Lernen Sie's von Ihrem Hund: Auch bei ihm ist Bellen nicht gleich Bellen. Je nach Situation und Stimmung macht er da große Unterschiede! Da der Hund außerdem in hohem Maße mittels seines Körpers spricht, sollte sich der Mensch ebenso körpersprachlich ausdrücken und seine Hörzeichen wie Sitz oder Platz mit unmissverständlichen Gesten unterstützen: Der Lehrer-Lampe-Zeigefinger beim Sitz, die flache Hand in Richtung Boden beim Platz. Es empfiehlt sich, diese Zeichen nicht willkürlich zu wählen, sondern an das Verständnis des Hundes anzupassen. Viele Hunde nämlich, die sich beim Sitz zuverlässig zu Boden legen, tun dies, weil ihre Besitzer sich über sie beugen und damit aus körpersprachlicher Sicht des Tieres Druck ausüben.

Mein Hund ist so eifersüchtig. Hilft uns eine PAARTHERAPIE?

In den Leserbriefen einschlägiger Hundezeitschriften stößt man in schöner Regelmäßigkeit auf folgende Hilferufe verweifelter Besitzer: Der Hund lässt niemanden mehr an seinen Menschen heran, verteidigt diesen eifersüchtig und sogar begleitet von Attacken auch außerhalb des Hauses vor fremden Hunden, oder er greift gar innerhalb der eigenen Familie Herrchen an, der es wagt, sich seiner gesetzlich angetrauten Ehefrau zu nähern. Vom umgekehrten Fall – Herrchen wird vor dem herannahenden Frauchen verteidigt – hört man interessanterweise seltener. Vielleicht mag es zunächst einmal tröstlich sein, dass man sich mit diesem Problem in bester Gesellschaft befindet. Schon Napoleon wurde bei dem Versuch, sich seiner ersten Gattin Josefine in zärtlicher Absicht zu nähern, von deren Mops Fortune ins Bein gebissen, und ihm wäre es mit großer Wahrscheinlichkeit völlig gleichgültig gewesen, ob man den Grund für seine Bisswunde mit der volkstümlichen Vokabel „Eifersucht" oder dem emotional neutralen und modernen „Verteidigen von Sozialstatus" beschrieben hätte. Wichtiger als jeder Streit um die korrekte Terminologie (streng genommen verteidigt ohnehin jeder eifersüchtige Ehe- oder Beziehungspartner auch seinen sozialen Status) ist die Frage der Umgehensweise mit dieser Angelegenheit. Bei einem Großteil aller Fälle stellt sich der dringende Wunsch nach Lösung dieses Problems leider erst unmittelbar nach einer Eskalation ein. Daher muss man davon ausgehen, dass Probleme dieser Art eine lange Vorgeschichte haben und sich somit einer Knopfdrucklösung verweigern. Sollte man sich also zu einer gemeinsamen therapeutischen Maßnahme entschließen, so tut man gut daran, sich auf diese einzustellen wie auf eine eheliche Paartherapie. Wie bei einer solchen Therapie zur Rettung der Ehe oder Beziehung kommt es darauf an, nach einer ersten heftigen Phase einseitiger Schuldzuweisungen nicht bei gegenseitigen Vorwürfen zu verharren. Der Wille, sich selbstkritisch eigenem Fehlverhalten zu stellen und zu erkennen, dass man selbst an den zerrütteten Verhältnissen großen Anteil trägt, ist zur Rettung einer jeden Beziehung – auch der zwischen Mensch und Hund – unabdingbar.

Der Hund soll vom Sofa – erfährt er nun ein seelisches TRAUMA? Hundebesitzern mit Erziehungsproblemen wird von professioneller Seite immer wieder gerne angeraten, den Hund insgesamt stärker einzuschränken und ihm im Alltag gewisse Dinge zu verweigern, wie beispielsweise das Liegen auf dem Sofa. Die Angst aber, dem Hund durch restriktive Maßnahmen einen seelischen Schaden zuzufügen, ist groß. Dabei vernachlässigt man jedoch die dem Hund innewohnende und auch im Alter kaum nachlassende Fähigkeit, sich verändernden Realitäten ohne Probleme anzupassen. Ein überzeugendes Beispiel für diese Fähigkeit ist das flexible Verhalten der Hunde gegenüber verschiedenen Familienmitgliedern, dass parallel und zur gleichen Zeit gezeigt wird. Während das Tier auf die eine Person nahezu perfekt hört, interessieren ihn die Anweisungen eines anderen nicht die Bohne. Er passt sein Verhalten also den unterschiedlichen Realitäten, repräsentiert durch verschieden auftretende Bezugspersonen, völlig selbstverständlich an. Sollen nun bestimmte Regeln

des Alltags dem Hund erzieherisch etwas auf die Sprünge helfen, so hat er aufgrund seiner hohen Flexibilität weitaus weniger Probleme damit als sein Mensch. Im Gegenteil verschafft die konsequente Einforderung von immer gleichen Regeln dem Hund soziale und in der Folge auch seelische Sicherheit. Unsicherheit entsteht beim Hund dann, wenn der Mensch bei seinem „Nein“ bittere, innerliche Mitleidstränen weint, die sich im Tonfall spiegeln, und darüber hinaus nur auf einer gelegentlichen und laxen Einhaltung von Grenzen besteht. Ein klares „Nein“ zum Sofa ist also durchaus zu verkraften.

Warum sind alle Welpen schon mit zwölf Wochen STUBENREIN – außer meinem?

In Welpenspielstunden hört man Menschen immer wieder von geradezu phänomenalen Erfolgen bei der Sauberkeitserziehung ihrer jungen Hunde berichten: Da haben zehn Wochen alte Welpen noch kein einziges Mal in die Wohnung gemacht, da sind 12 Wochen alte Tiere bereits innerhalb kürzester Zeit nach der Übernahme perfekt stubenrein und melden sich schon zuverlässig, wenn sie nach draußen müssen. Wer sich im Kreise der Welpenbesitzer umsieht, wird in diesen Situationen häufig solche beobachten können, die sich mit Blick auf den eigenen – womöglich bereits vier Monate alten Hund – verschämt am leicht rötlichen Kopf kratzen. Was in demselben vorgeht, ist nicht schwer zu erraten: „Warum sind alle Welpen schon so früh stubenrein, nur meiner nicht?“ Würden sich diese Herrchen und Frauchen einmal genauer in der versammelten Runde umsehen, so fiele ihnen unmittelbar auf, dass gar nicht wenige Besitzer eine ähnlich verschämte Körpersprache zeigen wie sie selbst. Bei einem vertraulichen Gespräch untereinander käme des Rätsels Lösung schnell an des Tages Licht. Von der gegenwärtigen Stubenreinheitsentwicklung ihrer Welpen berichten in der Öffentlichkeit nämlich nur diejenigen, die auf schnelle Erfolge verweisen können. Hundebesitzer, deren Tiere hierzu längere Zeit benötigen, hängen das nicht an die große Glocke und offenbaren sich nur vermeintlichen Leidensgenossen oder verständnisvollen Hundetrainern. Dabei ist es keineswegs ungewöhnlich, sondern eher regelhaft, dass ein Hund im Alter von 12 Wochen seine Blase noch nicht kontrollieren kann und daher seine Ausscheidungen dort verliert, wo es ihn gerade überkommt. Die frühen Erfolge einiger Welpenbesitzer sind in erster Linie durch eine hohe Beobachtungsgabe und viel Zeit zur Kontrolle zu erklären: Der Hund wird kaum aus den Augen gelassen und mehr als häufig fürs Pipi nach draußen gebracht. Oftmals haben auch verantwortungsvolle Züchter gute Vorarbeit geleistet, indem sie den jungen Tieren mehrfach täglich die Gelegenheit gaben, sich auf Grasflächen o. Ä. zu lösen. Dieses nun kommt den neuen Besitzern bei der Sauberkeitserziehung in hohem Maße zugute. Einen Grund zu Scham und Selbstbezichtigung gibt es im entgegengesetzten Fall jedoch zunächst einmal nicht.

Braucht der ängstliche Hund außergewöhnliche ZUWENDUNG?

Ängstliche Hunde – so hört man oft – benötigen außergewöhnliche Zuwendung, Fingerspitzengefühl und vor allem jede Menge Liebe. In der Tat stellt die Erziehung eines ängstlichen Hundes an den dazugehörigen Menschen enorme Herausforderungen, die jedoch – was weniger bekannt ist – in erster Linie die Qualität und weniger die Quantität der Aufmerksamkeit betreffen. Ein Zweibeiner, der seinem angstgestressten Hund tatsächlich helfen möchte, sollte über ein hohes Kontingent an Selbstbeherrschung verfügen, denn er muss täglich über seinen ständig tröstenwollenden Schatten springen, was eine enorme Kraftanstrengung bedeutet. Die Außergewöhnlichkeit der Zuwendung liegt bei solchen Hunden nämlich gerade darin, ihrer Angst möglichst keine sichtbare Aufmerksamkeit zu schenken! Einem ängstlichen Hund, der sich beim Herannahen von Lkws gruselt, der beim Anblick von Herren mit Hut erschrocken zurückweicht oder sich vor Artgenossen fürchtet, im Augenblick seiner Angst tröstende Worte oder gar Streicheleinheiten zu spenden, hieße nämlich, ihn in seiner Angst zu bestätigen! Der beim Menschen in solchen Situationen oft reflexartig einsetzende Beschützerinstinkt nützt dem Hund also rein gar nichts, im Gegenteil: Der weinerliche Singsang im Ton der menschlichen Stimme, das Auf-den-Arm-Nehmen und Hätscheln wird das Verhalten des Hundes – bei regelmäßiger Anwendung – verstärken, da ihm so signalisiert wird, dass es mit der Angst schon seine Richtigkeit hat. Da sich gerade unsichere Hunde stark an ihren Besitzern orientieren, sollten diese, sobald das Tier Angstsignale zeigt, mit demonstrativer Gelassenheit und Souveränität reagieren: Der laute Lkw wird komplett ignoriert, der Herr im Hut überschwänglich gegrüßt, die Anwesenheit fremder Hunde als freudiges Ereignis betrachtet und so weiter. Der eigene Hund sollte erst dann wieder Aufmerksamkeit erhalten, wenn er keine Anzeichen von Angst mehr zeigt, und zwar in höchst fröhlichen und keinesfalls bedauernden Tönen.

Sind Verwöhnungsschäden die SCHLIMMSTEN Schäden?

In der menschlichen Psychotherapie betont man bereits seit einiger Zeit, dass übertriebenes elterliches Verwöhnen negative Auswirkungen hat und Verwöhnungsschäden die Quelle für eine Vielzahl menschlicher Laster sind. Lassen sich auch in der Mensch-Hund-Beziehung ähnliche Phänome beobachten? Es gibt eine hochinteressante Erhebung, die einen tendenziellen Zusammenhang zwischen Verwöhnaroma bei Hunden auf der einen und Aggressionsverhalten auf der anderen Seite herstellt. Unter Verwöhnaroma verstehen die Untersuchenden – alles Inhaber renommierter Hundeschulen – sogenannte Privilegien, wie zum Beispiel die regelmäßige Einforderung von Streicheleinheiten und Spiel des Hundes zu ihm genehmen Zeiten, das Liegen und Schlafen auf dem Bett oder Sofa, das Stehlen von Futtermitteln und Verteidigen von Knochen, eine völlige Bewegungsfreiheit ohne Taburäume, die Fütterung in Küche oder Eingangsbereich, das Eingehen des Menschen auf Betteleien am Tisch. Insgesamt wurden 510 Hundehaushalte und 50 Rassen untersucht. Die Ergebnisse der Untersuchung waren recht erschreckend: So genossen 89 % aller vierbeinigen Probanden eine Vielzahl der genannten Privilegien, wobei 75 % gleichzeitig eine allgemeine Aggressionsbereitschaft zeigten. Als besonders bemerkenswert im negativen Sinne wurde die hohe Zahl der Hunde genannt, die bei parallelem Genuss von Privilegien aggressives Verhalten speziell ihren Besitzern gegenüber an den Tag legten. Dabei taten sich Rüden weitaus mehr hervor als Hündinnen. Auch wenn die Hundeerzieher ausdrücklich darauf hinweisen, dass ihre Untersuchung lediglich Tendenzen nennt und einen ersten, groben Überblick darüber geben kann, welchen Einfluss Privilegien auf Aggressionsverhalten haben, sollte das dem Hund im Alltag zukommende Verwöhnaroma äußerst kritisch betrachtet werden: Eine für alle befriedigende und gut funktionierende Gemeinschaft jedenfalls scheint es nicht hervorzubringen.

Warum steckt der Wolf in so vielen Namen?

... und 12 weitere Fragen zum Hund und seinem Stammvater.

Hatten ADAM UND EVA auch schon Hunde?

Die Frage danach, wann der Wolf zum Hund wurde, beschäftigt die Wissenschaft schon lange. Im Moment gilt als gesichert, dass die Karriere des Wolfes als Hund vor etwa 15.000 Jahren, also in prähistorischer Zeit begann. Eine genauere Datierung bereitet im Moment noch Schwierigkeiten. Interessanterweise begann die Domestikation oder Haustierwerdung unseres Hundes vor der Sesshaftwerdung des Menschen, d. h. bevor diese in der Jungsteinzeit Ackerbau und Viehzucht entwickelten und noch ein Nomadendasein führten. Der Begriff Haustierwerdung ist somit streng genommen etwas irreführend, denn ein Haus oder ei-

nen festen Wohnsitz hatte der Mensch seinerzeit noch gar nicht. In jedem Fall kann der Hund nach dem derzeitigen Stand der Dinge völlig zurecht für sich das Prädikat „Ältestes Haustier" beanspruchen, denn zu einem solchen wurde er vor dem Rind und dem Schaf. Noch keine schlussendliche Einigkeit herrscht bei der Frage, welcher Teil der Erde als Wiege unserer vierbeinigen Freunde angesehen werden darf. Während einige Forscher der Meinung sind, die Domestikation sei ein Prozess, der gleichzeitig auf mehreren Flecken der Erde stattgefunden habe – und zwar in Europa, Südwestasien und Ostasien –, gehen andere Veröffentlichung davon aus, dass der Ursprung der Haushunde ganz exklusiv in Ostasien zu finden ist. Doch so oder so: Die große Anzahl historischer Knochenfunde gibt darüber Auskunft, dass der Hund schon damals ein beliebtes Haustier gewesen sein muss, und lässt außerdem den Schluss zu, dass die Unterschiede zwischen den einzelnen Hundeformen bereits seit Langem recht groß sind.

Warum entschied sich der **WOLF** zum Hund zu werden?

Hätte der Wolf gewusst, was der Mensch ihm einmal so alles andichten und vor allem antun würde, so hätte er sich sicherlich dreimal überlegt, mit diesem Gesellen etwas anzufangen. Stattdessen hätte er bei der ersten Begegnung Reißaus genommen und die Menschheit wäre heute um eines ihrer Lieblingshaustiere ärmer. Nun besitzt der Wolf aber keine hellseherischen Fähigkeiten dieser Art, und auch die Schuldfrage bei der Beziehungsaufnahme zwischen Wolf und steinzeitlichem Menschen ist noch nicht eindeutig geklärt. Klar ist jedenfalls, dass beide, Mensch und Tier, in irgendeiner Form von einer Annäherung profitiert haben müssen. Manche Forscher sehen den Keim des Angliederungsprozesses beim Wolfswelpen, der mutterlos vom Men-

schen erst aufgelesen, dann aufgezogen worden sein soll und sich schließlich der Gemeinschaft der Zweibeiner angeschlossen habe. Es gibt auch die Theorie, der wilde Hundevorfahr habe sich selbst ohne menschliches Zutun domestiziert. Welchem Zweck er schließlich diente, kann aufgrund fehlender Schriftlichkeit dieser vergangenen Epoche bislang nicht eindeutig gesagt werden. Die Theorien reichen von Sozialkumpanei und Bildung von Jagdgemeinschaften bis hin zu der für Homo sapiens wenig schmeichelhaften These der Kynophagie, sprich des Verzehrens von Hunden und der Fellnutzung, wobei jedoch – aus heutiger Sicht für jedermann ersichtlich – irgendwann der Punkt erreicht worden sein muss, an dem erst die Moral und dann das Fressen kam. Allein, die genannten Thesen erklären noch nicht, warum aus dieser Annäherung ein solch unvergleichlicher und flächendeckender Siegeszug über die ganze Welt werden konnte. Doch auch für diese Frage bieten die Forscher eine plausible These an: Man argumentiert, die wölfische Gemeinschaft weise in ihrem Sozialverhalten große Ähnlichkeiten mit der menschlichen auf, was den Weg für eine lange gemeinsame Entwicklung bereitet habe. Tatsächlich kommen uns einige wölfische Verhaltensweisen seltsam bekannt vor: Wölfe sind hochsozial, im Spiel zeigen sie einen Sinn für Fairness und verfügen über außerordentliche kommunikative Fähigkeiten. Sie leben in Langzeit-Monogamien und die Kinderbetreuung wird von der ganzen Familie übernommen. Was eigentlich nach einer Beschreibung des idealen Menschen klingt, ist also womöglich der Grund dafür, dass wir im Park unsere Stöckchen für Hunde und nicht für die domestizierte Variante des Orang-Utans werfen.

Hat der Wolf den Affen zum MENSCHEN gemacht?

Das Bild, das gelegentlich von unseren Ururahnen gezeichnet wird, ist alles andere als idyllisch. In kleinen Horden genetisch eng Verwandter zogen sie durch ihre Jagdgebiete; kein Lebewesen, auch nicht ihre Artgenossen, war vor ihnen sicher. Das Zusammenleben in großen Gruppen scheint unseren affenartigen, aufbrausenden und individualistischen Vorfahren ebenso fremd gewesen zu sein wie den Schimpansen und Gorillas von heute. Doch damit nicht genug: Die Übervorteilung konkurrierender Rivalen zum Zweck des persönlichen Gewinns soll ihnen in hohem Maße eigen gewesen sein; dabei waren sie in der Wahl ihrer Mittel alles andere als zimperlich: Mord, Totschlag und Kannibalismus gehörten zum guten Ton. Dass daraus zwangsläufig die Frage entstehen muss, woher Homo sapiens seine Fähigkeiten zur sozialen Kooperation bekam, nimmt keineswegs Wunder. Die These einiger Wissenschaftler hierzu nun lautet zugespitzt folgendermaßen: Es waren die Caniden mit ihren herausragenden sozialen Verhaltensweisen und ihrer sozialen Intelligenz, die dafür gesorgt haben, dass der Mensch in einen Anzug passt. Oder, um es in den Worten eines Wissenschaftlers seriöser auszudrücken: „Die Kooperation von Hund und Mensch war auch eine

Anpassungsleistung der Hominiden an die überragende soziale Intelligenz der Caniden.“ Diese hochinteressante Theorie, die übrigens voraussetzt, dass die Abspaltung zwischen Wolf und Hund bereits vor etwa 100.000 Jahren stattgefunden hat, ist keineswegs unumstritten. Anthropologen verweisen nämlich unter anderem darauf, dass soziale Verhaltensweisen beim Menschen schon viel länger angelegt gewesen seien. Jedem Hundefreund indes dürfte sie gut gefallen.

Haben Dackel und Dogge tatsächlich denselben STAMMVATER?

So manchem fällt es schon schwer, in einem Dackel und einer Dogge Vertreter ein und derselben Art zu erkennen. Und tatsächlich könnten die Unterschiede zwischen den Rassen beziehungsweise Mischungen kaum größer sein. Während beispielsweise das Mindestgewicht eines Irish-Wolfhound-Rüden bei etwa 54,4 kg liegt, erreicht der Yorkshire-Terrier gerade mal ein maximales Höchstgewicht von 3,1 kg (von überfütterten Einzelexemplaren einmal abgesehen). Auf einer Waage bräuchte es demnach mindestens 18 der Fliegengewichtvertreter, um einem ausgewachsenen, männlichen Wolfhound gewichtsmäßig die Stirn zu bieten. Wie nun ist es möglich, dass diese so unterschiedlichen Wesen auf nur ein und denselben Stammvater zurückgehen können? Wieder einmal liegt das Geheimnis im Prozess der Domestikation. Wenn aus Wildarten Haustiere werden, kommt es automatisch zu einer sogenannten innerartlichen Variabilität, will sagen Verschiedenheit. Die Anpassung an die verschiedensten ökologischen und sozialen Verhältnisse der Umwelt während des Domestikationsprozesses brachte einen ungeheuerlichen Reichtum an erblich gesteuerten Entwicklungsmöglichkeiten zur Entfaltung. Hinzu kam eine selektive Steuerung des

Menschen je nach seinen Bedürfnissen und oft auch lediglich nach seinem Geschmack. Ein in der Wüste lebender Targi wird an einen Hund einen völlig anderen Maßstab angelegt haben als kleinhundebegeisterte Damen am chinesischen Königshof vor 2.000 Jahren. Stark vereinfacht gesprochen hat sich die Hundewelt deswegen so vielfältig entwickelt, weil der Mensch und seine Umwelt ebenso vielfältig war beziehungsweise heute noch ist.

Kann man einen Wolf zum zahmen HAUSGENOSSEN machen?

Der sogenannte „Exotentick" ist unter Menschen eine weitverbreitete Erscheinung, die seltsamste Blüten treiben kann und auch vor dem Wolf als Hausgenosse nicht haltgemacht hat. Indes, glücklich werden wird man mit einem Wolf als Hundeersatz kaum, denn ein gezähmter Wolf kann nicht mit einem domestizierten Hund gleichgesetzt werden! Zähmung und Domestikation sind zwei ganz verschiedene Prozesse, die man bei aller heutigen Sympathie und Begeisterung für den Urvater unserer Lieblinge nicht verwechseln sollte. Eine Zähmung von Wölfen ist in der Regel nur bis zum zweiten Lebensmonat überhaupt möglich. Mit älteren Tieren gelingt die Zähmung hingegen nur sehr selten. Allen, die sich nun eventuell schon überlegen, wo man einen so jungen Wolf herbekommen könnte, sei jedoch gesagt, dass viele der gezähmten Wölfe mit Eintritt in die Pubertät für den Menschen und seine Umwelt unberechenbar und äußerst schwierig im Umgang werden können. Darüber hinaus erfordert die Zähmung eines Wolfes ein ungeheures Maß an Fürsorge und Zeit, um überhaupt eine entsprechende Bindung zu erreichen. Wolfseltern sowie die übrigen Rudelmitglieder beschäftigen sich oft stundenlang mit den Jungtieren! Die Zahmheit des Hundes wird der Wolf bei allem menschlichen Eifer dennoch nie errreichen. Gezähmte Wölfe können in Wolfs- oder Tierparks angetroffen werden; charakteristisch für sie ist vor allem, dass sie die Gegenwart des Menschen dulden und an deren Anblick gewöhnt sind. Ihren Pflegern gegenüber können sie durchaus eine große Verbundenheit entwickeln. Dabei führen diese Wölfe aber ihr natürliches Leben im Rudel weiter und präferieren den Kontakt mit dem Menschen – anders als natürlicherweise der Hund – nicht.

Was passiert, wenn man Hunde und Wölfe VERPAART?

Viel wird über rassespezifische Krankheiten und gelegentlich sogar über Degeneration bei unseren Haushunden geklagt. Da sind manche Hündinnen nicht mehr imstande, ohne menschliche Hilfe Welpen zur Welt zu bringen oder aufzuziehen. Andere stehen dem Ausdrucksverhalten ihrer Artgenossen hilflos gegenüber, unfähig dieses zu lesen und adäquat zu reagieren, was zu schlimmen Auseinandersetzungen führen kann. Was läge da näher, als diesen Zustand durch ein „Zurück zur Natur“ verbessern zu wollen, indem man den Genpool des Haushundebestandes durch Einkreuzungen des einen oder anderen

Wolfes aufpeppt? Doch gute Absichten gebären noch lange keine guten Resultate, denn mit einer solchen Vermischung würde man das genaue Gegenteil einer Verbesserung erreichen. Bereits in der ersten Hälfte des 19. Jahrhunderts kreuzte der Zoologe Georg Louis Buffon Wölfe mit Hunden und verschriftlichte seine Erfahrungen. Auch die Gegenwart kann auf fundierte Forschungen mit sogenannten Hybriden, Mischlingen aus Wölfen und Hunden, verweisen. Die Wissenschaftler haben festgestellt, dass sich Wolf-Hund-Mischlinge vor allem durch eine ausgeprägte Scheuheit auszeichnen, sehr schreckhaft und dabei wesentlich zurückhaltender sind als Hunde. Doch damit nicht genug. Bei Eintritt der Geschlechtsreife steigt das Aggressionspotenzial der Hybriden häufig stark an und ist kaum zu beeinflussen. Diese bedauernswerten Wesen befinden sich in einem ständigen Zustand der Unruhe, Unsicherheit und Angst, was ihre Lernfähigkeit deutlich herabsetzt. Es scheint, als ob die zwei Seelen in ihrer Brust in ständigem Kampf miteinander lägen und dabei zu keiner Entscheidung kommen könnten, ob man nun das eine oder das andere sei. Es ist wohl kaum übertrieben, Hybriden als seelische Qualzüchtungen zu bezeichnen, deren gezielte Verbreitung im höchsten Maße tierschutzrelevant ist.

Wie viel Wolf STECKT noch im Hund?

Der Wolf ist in puncto Hund schon immer ein äußerst beliebtes Zitationsobjekt gewesen. Das mag womöglich daran liegen, dass er nicht widersprechen kann, oder daran, dass er seine empörten Leserbriefe immer in derart unleserlicher Schrift verfasst, dass sie unzustellbar sind. So wurde beispielsweise noch vor wenigen Jahren von Verfechtern des sogenannten Stachel- oder Korallenhalsbandes behauptet, dieses ahme die Zähne der Wolfsmutter nach, die ihre Kleinen bei Verfehlungen mit denselben

ordentlich im Nacken packe und züchtige. Auch Prügeleien unter fremden Rüden wurden gerne mit dem Verweis auf Wolfsrudel und die dort notwendige Etablierung einer Rangordnung erklärt. So zweifelhaft diese und ähnliche vermeintliche Wahrheiten mittlerweile geworden sind, so machen sie doch eines klar: Der Mensch glaubt fest an den Wolf in seinem Hund. Doch wie viel Wolf steckt denn nun in unseren tierischen Hausgenossen, die so friedlich und voller Unschuld in ihren Körbchen schlummern? Dies lässt sich am ehesten durch einen Blick auf die Unterschiede genauer klären. Zunächst einmal gilt, dass die Zugewandtheit dem Menschen gegenüber dem Hund in die Wiege gelegt ist, was sicherlich eines der gravierendsten Unterscheidungsmerkmale ausmacht. Was das Ausdrucksverhalten betrifft, muss man unseren Hunden im Vergleich mit dem Wolf eine deutlich vereinfachte, vergröberte Körper- sowie Lautsprache und Mimik attestieren. So haben Forscher bei Wölfen im Bereich des Kopfes 11 Ausdrucksregionen mit jeweils 2–13 verschiedenen Signalmöglichkeiten sowie bei ausgewachsenen Exemplaren um die 60 verschiedene Mienen gezählt! Dahingegen kommt beispielsweise der Zwergpudel im Kopfbereich auf gerade mal schlappe 14 mögliche Gesamtausdrücke. Gewisse wölfische Verhaltensweisen fehlen dem Hund völlig, andere – wie das Bellen – sind in intensivierter Form ausgeprägt. Rangpositionen werden bei Hunden weniger stark umkämpft als bei ihren wilden Artgenossen, was sie für ein Zusammenleben mit dem Menschen natürlich umso geeigneter macht. Sicherlich wird es jedem Hundeliebhaber leichtfallen, in seinem Liebling wölfisches Erbe zu entdecken. Insgesamt haben sich unsere heutigen Hunde jedoch sehr weit vom Wolf entfernt, und diese Veränderungen sind genetisch fixiert. Es empfiehlt sich daher, weniger mit dem Finger auf Isegrim zu zeigen und sich dafür häufiger an der eigenen Nase, der spekulativen, zu ziehen.

Was geschieht, wenn sich Wolf und Hund BEGEGNEN?

Ein solch unverabredetes Rendevouz kann ganz gegensätzliche, aber umso existenziellere Folgen haben. Oder einmal ganz pathetisch gesprochen: Es kann um Leben oder Tod gehen. Es gibt glaubhafte und ernst zu nehmende Quellen, die davon berichten, dass Wölfe Hunde angreifen, töten und unter Umständen auch fressen. So weiß man von Wölfen, die fern von den Zentren der Vorstädte Moskaus die dort streunenden Hund getötet und so gut wie ausgerottet haben. Die Spezialisierung des Wolfes auf den herrenlosen Hund als Beutetier scheint dort möglich zu sein, wo es viele dieser armen Streuner gibt und der Mensch gleichzeitig die natürlichen Beutetiere des Hundestammvaters stark reduziert hat. Auf gewisse Gebiete Russlands trifft in diesem Fall beides zu. Am anderen Ende der Skala der möglichen Reaktionen bei einer Begegnung steht die Verpaarung zwischen Hund und Wolf. Wie im oben geschilderten Fall ist jedoch auch hier ein gestörtes Ökosystem die Voraussetzung. Freiwillige

Verpaarungen geschehen am häufigsten dann, wenn als Ergebnis menschlicher Verfolgung die Wolfspopulation einen drastischen Einschnitt erfährt. In einem solchen Fall ist dem Wolf die Möglichkeit genommen, einen Partner zu finden. Zumeist sind es dann Wolfsweibchen, die sich mit Hunden paaren, sofern ihnen diese in der Zeit der Hitze über den Weg laufen. Interessanterweise finden diese Begegnungen häufig auf Müllkippen statt, die in solchen Fällen für beide Hauptnahrungsquelle sind. Ein Beispiel dafür ist Italien, wo Wölfe immer wieder Stammgäste auf den Müllkipppen so mancher Dörfer sind. Wie zu sehen ist, hängt die Frage nach dem Ausgang eines Zusammentreffens zwischen Hund und Wolf, wenn auch indirekt, eng mit dem Menschen zusammen.

Sind Wölfe .. MASSENMÖRDER?

Immer wieder stößt man – insbesondere in historischen Quellen – auf Nachrichten von angeblich blutrünstigen Wölfen, die bei Nacht und Nebel in Hühner- oder Schafställe einbrachen und weder rasteten noch ruhten, bis auch dem letzten Tier der Garaus gemacht worden war. Vertilgt wurden jedoch nur wenige der bedauernswerten Opfer. Dieses Phänomen des Massentötens ist den Verhaltensforschern nicht nur vom Wolf, sondern auch von anderen Beutegreifern wie beispielsweise dem Bären bekannt. Mit einer sadistischen Lust am Töten hingegen hat dieses Verhalten nichts zu tun. Das Töten einer Beute ist bei jagenden Raubtieren nicht direkt durch Hunger bedingt. Es wird von bestimmten, sogenannten Schlüsselreizen hervorgerufen, die dann entstehen, wenn ein Beutetier sich zappelnd und erregt den Fängen des Raubtieres zu entziehen sucht. Sind diese potenziellen Kandidaten dann auch noch auf engem Raum eingepfercht, wie es bei Stalltieren üblich ist, tauchen immer wieder neue Schlüsselreize zum Töten auf, da die noch lebenden Tieren sich natürlich nicht ruhig verhalten. Es gibt Berichte über einen Bären, der in einen Stall einbrach und in einer Nacht nicht weniger als alle hundert Schafe getötet haben soll. Danach brach er erschöpft inmitten seiner Opfer zusammen und wurde am nächsten Morgen so schlafend vom Schäfer vorgefunden. Zum Fressen hatte er weder Kraft noch Zeit gefunden.

Was ist an historischen Nachrichten von **WOLFSÜBERFÄLLEN** auf Menschen dran?

Der Wolf hat in den letzten Jahrzehnten eine gerechte und verdiente Rehabilitierung erfahren. Gemäß dem menschlichen Naturell jedoch, von einem Extrem ins andere zu fallen, hört man gelegentlich auch Geschichten, in denen der Wolf eine solche Idealisierung erfährt, dass man sich ein weiteres Mal an Grimms Märchenstunde erinnert fühlt. Nicht so recht ins Bild wollen dann historische Nachrichten von Wolfsüberfällen passen, die man oft allzu schnell abergläubischen Bauerntölpeln unaufgeklärter Zeiten zuschreiben möchte. Tatsache ist zunächst einmal, dass die Geschichte nicht arm ist an schriftlichen sowie bildlichen Quellen, die von Wolfsüberfällen auf den Menschen berichten. Tatsache ist auch, dass die Geschichte bis weit ins 19. Jahrhundert äußerst arm ist an abergläubischen Bauerntölpeln, die schreiben oder gar Stiche herstellen und diese Nachrichten somit der Nachwelt weitergeben konnten. Auch wenn man dennoch eine Vielzahl an „Horrorgeschichten" ins Reich der Fantasie wird verbannen müssen, die mit einer gesteigerten, allgemeinen Existenzangst der Menschen in Zusammenhang steht, fällt bereits bei einem kursorischen Blick über die Quellen auf, dass diese sich vor allem in Zeiten langer Kriege, politischer Unruhen und Hungersnöte häufen. Beispiele dafür sind der Hundertjährige Krieg zwischen England und Frankreich im 14. und 15. Jahrhundert sowie die Zeit des Dreißigjährigen Krieges von 1618–1648. Somit liegt die Vermutung nahe, der Krieg könne in vergangenen Zeiten Wolfsplagen mit sich gebracht haben. Wolfsforscher nennen nun folgende Voraussetzungen, unter denen besonders im Mittelalter Wolfsangriffe stattgefunden haben können: Die damals übliche und sogar zum Teil staatlich verordnete Verfolgung des Wolfes hatte nachgelassen, weil die Männer im Krieg waren oder nicht mehr lebten. Die Frauen und Alten waren allein und unbewaffnet zu Hause geblieben und die Kinder mussten allein das Vieh hüten. Extremer Hunger der Tiere und eine drastische Reduzierung des natürlichen Beutebestandes könnten mit den genannten historischen Gegebenheiten eine explosive Mischung gebildet und zu Wolfsüberfällen geführt haben. Neben den genannten Ursachen allerdings geht wohl auch eine große Anzahl von Überfällen auf das Konto tollwütiger Wölfe – die Tollwut war bis zur Erfindung der entsprechenden Impfung eine ebenso schlimme und lebensbedrohliche Plage wie seinerzeit die Pest oder die Lepra.

Kann ein Wolf tatsächlich sieben GEISSLEIN auf einmal fressen?

Das Verschlingen von sieben Zicklein auf einen Streich mag so manchem als bloße Hyperbel erscheinen, die nichts anderes zum Ziel hat, als Gevatter Wolf ein weiteres Mal zu verunglimpfen. Doch tatsächlich hat der Hundestammvater einen sehr hohen Nahrungsbedarf. Zur Aufrechterhaltung eines stabilen Gewichts hat man beim frei lebenden Wolf einen Tagesbedarf von etwa 0,1–0,21 kg Fleisch je Kilogramm Körpermasse berechnet; heranwachsende Tiere benötigen sogar noch zwei- bis dreimal mehr Nahrung als ausgewachsene. Geht man einmal davon aus, dass ein junger Wolf gar nicht die Dreistigkeit und Erfahrung besessen hätte, die zu Hause allein verbliebenen Geißlein auf so perfide Weise zu täuschen, dann kommen wir für ein ausgewachsenes männliches Exemplar mit durchschnittlichen 45 kg (vereinzelt sind auch schon Wölfe mit 79 kg Lebendgewicht gesichtet worden!) immerhin auf einen Tagesbedarf von

knapp 7 kg. Doch Wölfe sind imstande, noch mehr Nahrung auf einmal aufzunehmen. Das müssen sie auch, da sie gezwungen sind, sich an die vorgegebene Nahrungssituation, die sehr schwankend sein kann, anzupassen. Forscher beobachteten ein Rudel von 15 oder 16 Wölfen, das im Verlauf von wenigen Stunden ein erwachsenes Elchweibchen auffraß, was pro Schnauze eine Menge von 9 kg ausmacht. Ein anderes Forscherteam berichtet davon, dass ein siebenköpfiges Wolfsrudel innerhalb von 24 Stunden etwa drei Viertel eines erwachsenen Virginiahirsches sowie einen kleinen Hirsch vertilgte. Durchschnittlich kam so jedes Rudelmitglied auf beeindruckende 12,5 kg Fleisch. Ein neugeborenes Zicklein nun wiegt je nach Rasse und Wurfgröße zwischen 2,5 und 5 kg, womit die Unschuld des Wolfes in diesem Fall zunächst einmal bewiesen wäre, denn ein Wolf, der Fleischmengen von 17,5–35 kg auf einmal restlos verputzen kann, wurde zumindest bislang noch nicht beobachtet. Die Zahl Sieben hat in Märchen, Volksbrauchtum und Mythologie von alters her und durch alle Epochen und Kulturen eine rein symbolische Bedeutung, der man sich auch im Fall der Sieben Geißlein bedient hat.

Gibt es auch Geschichten, in denen der Wolf der GUTE ist?

Die Selbstverständlichkeit, mit der der Wolf in vielen Sagen, Märchen und Mythen als Sündenbock herhalten muss, ist mitunter erschütternd. Sie wirft jedoch ein sehr einseitiges Bild auf die erzählerische Darstellung des Wolfes, der keineswegs in allen Kulturen und zu allen Zeiten eine solch einseitige Bewertung erfuhr. Einer der berühmtesten Gegenentwürfe zum bösen, gefräßigen und zuweilen auch tölpelhaften Wolf begegnet uns in der mythischen Gründungssage des Römischen Reiches, das immerhin eines der bedeutendsten und größten

Reiche aller Zeiten war. Wäre das Bild des Wolfes zur Enstehungszeit dieser Sage nicht ein ehrenhaftes gewesen, hätte man es nie und nimmer einer Wölfin überlassen, Romulus und Remus, die sagenhaften Gründer Roms, zu säugen. Es gibt eine weitere Vielzahl von Sagen, in denen der Wolf sozusagen zum Schöpfungsvater von Stämmen oder ganzer Völker gemacht wird. Wir finden sie unter anderem bei den Mongolen und bei einigen nordamerikanischen Indianerstämmen. Am Anfang dieser Erzählungen steht häufig die Verpaarung des Wolfes mit einer Menschenfrau. Auch die Vorstellung vom ersten Menschen, der ein Wolf war, kommt vor. Man kann sicherlich davon ausgehen, dass diese Kulturen dem Wolf, wahrscheinlich wegen seiner außerordentlichen Fähigkeiten bei der Jagd, große Achtung entgegenbrachten. Anders ist die Entstehung von Herkunftslegenden, die den Wolf sogar zum Stammvater der Menschheit erheben, nicht zu erklären. In der Märchen- und Sagenwelt der osteuropäischen Völker finden wir weitere Fälle eines positiven

Wolfsbildes. Sie erzählen von der unverbrüchlichen Liebe einer Prinzessin zu einem Wolfsmann, von Zaren, die von Wölfinnen genährt wurden und daher ihre Kräfte besitzen. Sogenannte Wolfsgattenmärchen, Märchen also, in denen sich in der Gestalt des Wolfes der zukünftige geliebte Ehegatte verbirgt, kennt man auch in Dänemark und bei den Wallonen.

Warum steckt der Wolf in so vielen NAMEN?

Kaum ein Tier ist in der Welt der Namen so omnipräsent wie der Wolf: Wolfenbüttel, Wolfsborn, Wolfshagen; Wolfgang, Wolfram, (W-)Ulf. In deutschen Telefonbüchern wurden sage und schreibe über 55.000 Einträge für Wolf/Wolff und um die 9.000 Einträge für Wulf/Wulff ermittelt. Die Zahl der Städte- und Gemeindenamen, die den Wolf enthalten, soll bei etwa 200 liegen. Wie ist diese schleichende Unterwanderung zu erklären? Im Falle der Ortsbezeichnungen kann man – insbesondere bei alten Ansiedelungen – die frühe Existenz des Wolfes im deutschen Sprachraum ablesen. Häufig wurden Ortschaften nach Begebenheiten benannt, die an diesen Stellen angeblich oder tatsächlich stattgefunden hatten. Andere Ortsnamen allerdings entstanden aus Personennamen, so bezieht sich Wolfenbüttel auf eine Person namens Wolfher – doch wie wiederum sind diese zu erklären? Die Herkunftsgeschichte der Ruf- und Nachnamen, die den Wolf zum Paten haben, ist eine spannende Sache. Zunächst muss man wissen, dass die Geschichte unserer Nachnamen eine recht junge Angelegenheit ist. Nachnamen gibt es nämlich erst seit einigen Hundert Jahren; ursprünglich hatten die Menschen nur Vor- und Rufnamen, aus denen sich eine große Anzahl der späteren Nachnamen entwickelt hat. Eine ganze Menge unserer heutigen Vornamen ist altgermanischen Ursprungs, und so haben wir auch den Wolf als Bestandteil von Rufnamen den alten Germanen zu verdanken. Krieg, Kampf und Herrschaft waren elementare Bestandteile der Lebenswelt germanischer Stämme, und so stößt man auf eine hohe Zahl germanischer Rufnamen, die auf diese Bereiche zurückzuführen sind: In Heribert steckt das altgermanische Wort für Heer, im Namen Argibald ein Wort der Germanen für Krieger, in Gundoald für Herrscher. Neben der Welt des Kampfes nun spielte die Tierwelt bei der Namengebung eine große Rolle: der Adler, der Bär, der Widder, der Rabe, der Hirsch – sie alle dienten unseren Vorfahren als Rufnamen. Wolfsnamen jedoch zählen zeitlich gesehen zur ältesten Schicht. Gemäß ihrer Gewohnheit, Namen aus zwei Teilen zusammenzusetzen, verbanden die Germanen das Namenselement Wolf mit Bestandteilen aus der Welt des Krieges und Kampfes. Dass der Wolf überhaupt so oft als Name gewählt wurde, hängt mit hoher Wahrscheinlichkeit damit zusammen, dass er den Kriegern der alten Germanen aufgrund seiner Stärke und Kraft Vorbild gewesen sein muss. Häufig wollte man wohl auch die Kampfeskraft eines Mannes betonen, indem man ihn mit einem entsprechenden Namen belegte. Es existiert aber auch die These, dass man den Wolf zum Namenspaten vieler Kinder gemacht hat, um ihn friedlich zu stimmen. In späteren Zeiten ging das Wissen um die Bedeutung von Rufnamen immer mehr verloren; Wohlklang und Modetendenzen entschieden jetzt bei der Vergabe von Namen.

Warum können sich Nachbarshunde so oft nicht leiden?

... und 12 weitere Fragen zu Hunden und ihrem Zusammenspiel, nicht nur mit Artgenossen.

Warum müssen Welpen in den KINDERGARTEN?

Die meisten unserer Welpen werden nach der Herausnahme aus dem Wurf bei ihren neuen Besitzern als Einzelkinder gehalten. Man bezeichnet dies in der Fachwelt als innerartlichen Kontaktabbruch. In den ersten Wochen ihres Daseins haben Welpen bereits viel voneinander gelernt, doch für das ganze weitere Leben reicht dies noch lange nicht aus. Viele soziale Verhaltensweisen müssen noch erlernt und gefestigt werden, dazu ist ein regelmäßiges Zusammenführen mit anderen Welpen unabdingbar. Die Natur hat hierzu ein Zeitfenster bis etwa zur 16. Lebenswoche eingerichtet. Lernen innerhalb dieser Phase nennt man auch prägungsähnliches Lernen, und spätestens dann, wenn ein Phänomen von Wissenschaftlern einen eigenen Namen erhält, sollte man es auch ernst nehmen. Der Grundstein für ein

vernünftiges Sozialverhalten im Umgang mit Artgenossen wird in dieser Zeit gelegt, und möchte man nicht, dass der Hund sich zum Schrecken der Straße entwickelt, sollte man unbedingt einen Welpenkindergarten, also die Welpenspielstunde einer seriösen Hundeschule oder eines ordentlichen Vereins, besuchen.

Sind alle Hundekindergärten GLEICH?

Der regelmäßige Besuch eines Welpenkindergartens bzw. einer Spielgruppe ist leider noch lange kein Garant dafür, dass aus einem Hundekind ein problemloser erwachsener Vierbeiner wird, was durchaus mit der Qualität der so notwendigen Welpengruppen zusammenhängen kann. Prinzipiell sollten Welpen unter sich sein, das heißt das Prädikat Welpe auch tatsächlich verdienen, wovon ca. bis zur 16.–18. Lebenswoche gesprochen werden kann. Gegen die gelegentliche Anwesenheit wesensfester erwachsener Hunde ist nichts einzuwenden. Haben einige der anwesenden Vierbeinerchen das Welpenverfallsdatum jedoch überschritten, ist die Gefahr einer Überforderung der jüngeren Tiere sehr groß, denn Altersunterschiede treten beim Spielverhalten besonders deutlich zutage. In guten Welpengruppen erhalten die „Mamas und Papas" hierüber ausreichend Aufklärung, und auch darüber, warum und wann Spielgruppenleiter regulierend eingreifen. Nach dem heutigen Stand der Dinge ist ein „Die machen alles unter sich aus" kontraproduktiv und sogar gefährlich. Während das Lernen für die Welpen in einer guten Welpenspielgruppe beinahe nebenher und spielerisch stattfindet, wird von den Menschen hier aktives Zuhören und Nachfragen verlangt. Hundeeltern sollten das Gefühl haben, nach jedem Besuch der Welpengruppe mit einem Lernzuwachs nach Hause zu gehen, der ihnen und ihrem Hundeindividuum gerecht wird.

Warum müssen junge Hunde SPIELEN?

Das Spielen mit Artgenossen (ebenso wie mit dem Menschen) ist für Welpen und Junghunde keineswegs nur eine lustvolle Beschäftigung, die zwar den Augenblick erfüllt, aber darüber hinaus keine besondere Bedeutung hat. Vielmehr ist das Spiel – so wie für den Menschen Riesterrente und Investementfonds – als wichtige Investition in die Zukunft zu betrachten. Motorische Fähigkeiten, Muskelwachstum sowie Sinnesorgane werden im Spiel ebenso gefördert und entwickelt wie moralanaloge Verhaltensweisen. Die Tiere lernen durch die spielerische Auseinandersetzung untereinander, was geduldet wird und was zum Spielabbruch führt. Sie bekommen somit eine Vorstellung davon, was richtig und was falsch ist. Es gibt die allgemein anerkannte These, dass junge Hunde, die keine oder zu selten Möglichkeit zum Sozialspiel hatten, später mit Artgenossen nicht mehr angemessen kommunizieren können. So wichtige Regeln der Etikette wie die Beißhemmung können vom Welpen am besten im Spiel erlernt werden.

Eine weitere Notwendigkeit im hundlichen Verhaltensrepertoire ist die Bindungsbereitschaft. Auch diese wird im Spiel angebahnt und aufrechterhalten oder, wie es ein bekannter Canidenforscher ausdrückt: „Animals that play together tend to stay together.“ (Übrigens ist es sicherlich statthaft, dieses Zitat auf das Mensch-Hund-Verhältnis zu übertragen.) Lernpsychologisch bietet das Spiel hierfür geradezu ideale Voraussetzungen: Die Lernfähigkeit ist aufgrund der entspannten und emotional positiv besetzten Situation äußerst hoch, und der höhere Erregungszustand sorgt für die zum Lernen nötige Aufmerksamkeit. Voraussetzungen, die man einem jeden Menschenlehrer wünschen möchte, um gemeinsam mit seinen Schülern die bestmöglichen Ergebnisse zu erzielen. Fazit: Die Aktivierung seiner motorischen, sozialen, kognitiven und emotionalen

Fähigkeiten im Spiel hat entscheidenden Einfluss auf die Ausprägung der körperlichen und charakterlichen Eigeschaften eines Lebewesens.

Was bestimmt bei Hunden die PARTNERWAHL?

Wollte man Hunden die Wahl ihrer Partner selbst überlassen, so stünden wir bezüglich der hundlichen Populationsmasse sicherlich in Kürze vor einem riesengroßen Problem. Und doch ist es ein interessantes Gedankenspiel, aus dem sich nützliche Erkenntnisse ziehen lassen: Nach welchen Kriterien würden unsere Hunde wohl ihre Sexualpartner auswählen, wenn der Mensch nicht regulierend eingriffe? Ein Blick in die Natur erlaubt zunächst einmal die folgende, zumindest für einen Großteil der Menschheit tief befriedigende, Erkenntnis: Weibliche Tiere sind nach dem derzeitigen Kenntnisstand der Forschung wesentlich wählerischer als männliche. Demgemäß treffen in freier Natur vor allem sie die Entscheidung, mit wem und mit wem nicht, auch wenn es der holden Männlichkeit – die durch Rivalitätskämpfe lediglich den Weibchen die Vorauswahl abnimmt – ganz anders erscheinen mag. Die Männchen sind nämlich in erster Linie auf Quantität, also auf eine Maximierung der Nachkommenschaft aus, während Weibchen aus ganz bestimmten Gründen ihr Augenmerk vor allem auf „innere" Werte lenken müssen. Die Übernahme eines genetischen Defekts beispielsweise durch die Verpaarung mit einem männlichen Träger wäre für das weibliche Tier, welches das komplette Risiko der Trächtigkeit, Geburt und Frühaufzucht allein tragen muss, eine fatale und nicht nur das eigene Leben bedrohende Fehlinvestition. Zur Frage, wie nun die Weibchen die Qualität ihrer Sexualpartner beurteilen, liefert die Forschung– insbesondere aus Untersuchungen mit Mäusen und Menschen – interessante

Ergebnisse. Abgesehen davon, dass eine Beeinflussbarkeit durch Äußerlichkeiten wie Symmetrie des Körperbaus, Körperschmuck und Ähnlichem existiert, scheinen Weibchen am Körpergeruch sowohl die Widerstandskraft des Immunsystems als auch – und das ist im Hinblick auf unsere Hunde besonders erhellend – den Verwandtheitsgrad erkennen zu können. So wäre auch erklärbar, warum in freier Wildbahn eine Verpaarung mit verwandten, sprich genetisch sehr ähnlichen Tieren, zumindest den Umständen entsprechend, vermieden wird bzw. woran Tiere überhaupt erkennen, ob sie verwandt sind oder nicht. Fortpflanzung geschieht in der Natur nicht um ihrer selbst willen. Ziel ist eine überlebens- und wettbewerbsfähige Nachkommenschaft. Kombinationen verschiedener Gene bewirken dies in höherem Maße. In freier Natur spricht alles dafür, dass die Weibchen bei dieser verantwortungsvollen Aufgabe auch bei der Auswahl die Hauptlast tragen, und dies mit einigem Erfolg. So wäre es sicherlich eine tier- und artschützende züchterische Maßnahme, zu akzeptieren, dass auch von den Rassehundedamen bestimmte Herren beim Deckakt abgelehnt werden, und daher keine Zwangsverkuppelungen vorzunehmen bzw. mit Blick auf die Natur keine Verpaarungen verwandter Tiere zuzulassen.

Haben Hunde mit allen Artgenossen eine RANGORDNUNG?

Bei Prügeleien unter Hunden hört man immer wieder folgende festgegossene Formel: „Die müssen erst einmal ihre Rangordnung ausfechten, kein Grund zur Besorgnis.“ Würde man sich einmal die Mühe machen, die Häufigkeit dieser Aussage im Verlauf eines ganzen Hunde- oder Menschenlebens mitzuzählen, könnte tatsächlich der Eindruck entstehen, Hunde stünden in einer Rangordnungsbeziehung zu Hinz und Kunz und Krethi und Plethi. Dass sich diese Meinung so hartnäckig hält, dürfte damit zusammenhängen, dass man vor geraumer Zeit, und zum Teil auch noch heute, geneigt war, zu glauben, alle Formen hundlicher Auseinandersetzungen seien Dominanz- und damit Rangordnungskämpfe. In neuerer Zeit geht man hingegen davon aus, dass keineswegs alle aggressiven Verhaltensweisen aus dem Bestreben nach Dominanz geboren sind. Vielmehr unterscheidet man verschiedene Formen und Ursachen aggressiven Verhaltens. Gleichzeitig spricht man bei Hunden, die nicht im selben Haushalt leben, gar nicht mehr von einer Rangordnung, denn Bedingung für eine solche ist eine dauerhafte soziale Beziehung miteinander. Heute geht man bei der Benennung und Beschreibung dessen, was man früher bei Raufereien unter Dominanzaggression zusammenfasste, differenzierter vor und unterscheidet sexuell motivierte Aggression, rivalisierende Aggression, Aggression unter Rüden, territoriale, erlernte, angst- und schmerzbedingte Aggression, krankhafte Aggression sowie Mischformen. Hierbei handelt es sich keineswegs um bloße Wortklauberei, denn eine entsprechende Beurteilung und Behandlung setzt das genaue Verständnis hundlichen Aggressionsverhaltens voraus. Komplett fehl am Platze ist es im Übrigen, das nichtspielerische Verfolgen von kleinen oder unsicheren Hunden als Dominanz- oder Rangordnungsaggression zu bezeichnen. Hier handelt es sich eher um eine Form der Beuteaggression.

Sind Hunde an der Leine AGGRESSIVER zu Artgenossen?

Unter Hundehaltern gibt es eine Art Geheimgesellschaft mit hoher Dunkelziffer: den „Fünf-Uhr-früh-Leinen-Klub". Zu diesem gehören all jene bedauernswerten Zeitgenossen, die aus Angst, beim Spaziergang einem anderen Hund über den Weg zu laufen, ihren eigenen nur zu halbnächtlicher Stunde ausführen. Begegnet man dennoch einmal einem anderen Frühaufsteher mit Hund, so gebärdet sich der eigene an der Leine wie ein Berserker, und man sieht sich seufzend gezwungen, in Zukunft noch früher aufzustehen. Ist die Leine an diesem Benehmen schuld? Auch wenn sich einige Hunde an der Leine schlecht benehmen, steht eine solche, egal welchen Designs, zunächst einmal jenseits von Gute und Böse. Aggressives Verhalten an der Leine ist in aller Regel eine erlernte Verhaltensweise. Verhält sich der Hund erstmals – ob mit oder ohne Leine – anderen gegenüber ruppig und unfreundlich, bekommen ihre Besitzer verständlicherweise einen ordentlichen Schreck und versuchen spätestens im Wiederholungsfall durch die Vermeidungsstrategie des Anleinens ähnliche Vorfälle zu vermeiden. Dadurch kommt es zu fatalen Verknüpfungen. Der Hund fühlt sich in seiner Angespanntheit durch die Reaktion seines Menschen bestätigt, da dieser beim Anblick des fremden Tieres ebenfalls in Aufregung und Hektik verfällt und für den Hund klar ersichtliche Angstsignale aussendet. Spätestens ab diesem Zeitpunkt reagiert der Mensch beim Anblick eines anderen Hundes zuverlässig und konsequent in der beschriebenen Weise immer gleich, was beim Hund bekanntermaßen zur Verhaltensfestigung führt. Die Gefahr, in einen solchen Teufelskreis zu geraten, ist bei Hunden mit

schlechter Sozialisierung und Erziehungsrückständen höher als bei gut sozialisierten Tieren. Auch mangelhafte Auslastung verschärft die Problematik. Dennoch sollten sich Betroffene nicht entmutigen lassen, ein Umlernen bei Hund und Mensch ist mit professioneller Hilfe durchaus möglich.

Sind Hunde im RUDEL glücklicher?

Das Informationszeitalter beschert uns rund um die Uhr ungefragt eine ganze Flut vermeintlich nützlicher Ratschläge. Die Auswirkungen sind faustische: Da steht man nun als armer Tor und weiß nicht mehr als wie zuvor. Doch tief in unserer drangsalierten Psyche macht sich nicht nur Ratlosigkeit breit, sondern nagt auch der Gewissenswurm. Alles möchte man richtig machen, allem möchte man gerecht werden. So auch dem besten Freund des Menschen. Und der ist schließlich ein Rudeltier. Und so erwägt die teilzeitgestresste Bankangestellte, Ehefrau und Mutter in den freien Minuten zwischen Frühmorgengassi und Anlageberatung die Anschaffung eines zweiten Hundes. Und ihr kann durch Gewissensentlastung geholfen werden. Die Notwendigkeit regelmäßiger Hundekontakte, insbesondere in den sensiblen frühen Entwicklungsphasen, ist unbestritten. Auch darüber hinaus sollte man seinem Hunde ausreichend Gelegenheit zur Kontaktpflege mit seinesgleichen geben. Diese muss jedoch nicht zwangsläufig in der Bereicherung des häuslichen Rudels durch einen weiteren Vierbeiner bestehen. Gerade bei erwachsenen und älteren Tieren kann man die Beobachtung machen, dass ihre Menschen für sie weitaus wichtigere Sozialpartner sind als ihre Artgenossen. So gerne man sich miteinander austauscht, sich gegenseitig beschnuppert, miteinander spielt, so wenig stellt man infrage, mit wem man lieber nach Hause geht. Einzelhundehaltung bedeutet noch lange keine Einzelhaft und Mehrhundehaltung ist nicht automatisch mit einem Mehr an Lebensqualität für die Beteiligten verbunden. Im Gegenteil kann das Zusammenleben mehrerer Hunde in einer Familie für alle Beteiligten stressgeprägt und unangenehm sein, wenn der Mensch mit den hohen Ansprüchen der Rudelhaltung überfordert ist.

..Wie kann man die TEAMFÄHIGKEIT im Hunderudel hochhalten?

Auch wenn es Hunderassen und -individuen gibt, die zur Mehrhundehaltung besser geeignet sind als andere, ist es doch der Mensch, der durch seine Einflussmöglichkeiten für die friedliche Stimmung unter seinen Schützlingen verantwortlich ist. So sollte schon bei der Anschaffung eines Zweithundes darauf geachtet werden, dass die Hunde zueinanderpassen. Zu große Unterschiede in Größe und Temperament sollten vermieden werden. Gegengeschlechtliche Hunde ergänzen sich in der Regel recht gut. Hohes Konfliktpotenzial liegt in der Behandlung mehrerer Hunde nach dem Gleichheitsprinzip. Sofern eine Rangordnung zwischen den Tieren feststellbar ist, sollte man nicht den Versuch unternehmen, den Hunden durch Gleichbehandlung demokratische Grundregeln des Zusammenlebens aufzudrängen. Rangordnungen dienen nämlich gerade der Vermeidung aggressiver Auseinandersetzungen. Ignoriert man aber sichtbare hierarchische Strukturen, weil man möchte, dass die Hunde wie Geschwister alles brüderlich teilen, sind Probleme häufig vorprogrammiert. Die gute Teamfähigkeit einer Gruppe ist außerdem auch von der Qualität des Teamleiters abhängig. In der gegebenen Konstellation bedeutet das für den Menschen, dass er sich darauf einstellen muss, zwei Hunde gleichzeitig zu erziehen

und für beide eine souveräne Größe zu sein. Die dadurch hergestellte Stabilität zwischen Mensch und Hund beeinflusst diejenige zwischen den Tieren sehr stark. Wirklich gut erzogene Hunde, die ihren Menschen als Teamleiter in jeder Hinsicht anerkennen, geraten wesentlich seltener miteinander in Konflikt als mäßig oder gar schlecht erzogene.

Warum kann man sich paarende Hunde nicht TRENNEN?

Treffen sich zwei Hunde zum – aus menschlicher Sicht – unerwünschten Deckakt, so greifen Besitzer in ihrer Verzweiflung oft zu Mitteln wie eimerweise heißem oder kaltem Wasser, Spritzschläuchen oder gar massiven körperlichen Einwirkungen. Indes, die gewaltsame Unterbrechung der Liebesmüh kann man sich sparen, sie ist vollständig vergeblich, denn Hunde können während des Deckaktes nicht voneinander getrennt werden. Die Penisschwellung des Rüden – sein Geschlechtsorgan entfaltet durch die Schwellung geradezu die Wirkung eines Widerhakens – ist verantwortlich dafür. Dieses sogenannte Hängen dauert bei kopulierenden Tieren etwa 10–30 Minuten und kommt bemerkenswerterweise ausschließlich bei Caniden vor. Eine allgemein anerkannte Erklärung zum Sinn und Zweck des Hängens gibt es derzeit noch nicht, wohl aber interessante Theorien. Die naheliegendste These spricht davon, dass durch das Hängen der Rückfluss des männlichen Samens verhindert werden soll. Ebenso wird argumentiert, der „hängende" Rüde verschaffe sich auf diesem Wege einen Fortpflanzungsvorsprung gegenüber tatsächlich oder auch nur po-

tenziell anwesenden männlichen Konkurrenten, die so daran gehindert würden, das weibliche Tier direkt im Anschluss an ihn zu decken. Beiden Argumenten wird häufig entgegengehalten, dass die anderen Tierarten die Erscheinung des Hängens nicht kennen, wobei man jedoch zu vergessen scheint, dass die Fortpflanzungsstrategien der Tierarten in der Welt keineswegs dieselben sind und sich prinzipiell auf das Höchste unterscheiden können.

Warum können sich Nachbarshunde so oft nicht LEIDEN?

Die Gartenzäune der Welt könnten, würde man sie befragen, Bibliotheken füllen mit Geschichten nachbarschaftlicher hundlicher Auseinandersetzungen, deren Eskalation allein durch ihre heroische Anwesenheit verhindert wurde. Bei diesem Verhalten handelt es sich um territoriale Konkurrenzaggression, die insbesondere in Gegenden mit großer

Hundedichte zu beobachten ist. Die Bereitschaft zur Territoriumsverteidigung ist bei Caniden prinzipiell eine ganz ursprüngliche Eigenschaft, die im Zuge der Domestikation bei der einen Rasse gefördert und bei der anderen vernachlässigt wurde. Und so klagt man auch besonders oft Hunde, von denen man sich ja ursprünglich Bewachung wünschte, wie den Rottweiler und den Schäferhund, eines solchen Benehmens an. Dummerweise nehmen einige Hunde ihr territoriales Verhalten noch ein ganzes Stück über die Wohnungs- oder Grundstücksgrenze mit hinaus und reagieren auch dann noch empört, wenn der Nachbarshund, der eigentlich drei Häuser weiter wohnt, ihre Wege kreuzt. Markieren darüber hinaus noch Hunde aus der Nachbarschaft den eigenen bzw. für sich beanspruchten Bereich regelmäßig und ausgiebig, geraten Hunde mit entsprechender Verteidigungsbereitschaft in besonderen Stress. Verstärkt wird dies häufig noch durch sexuelle Konkurrenz. Die Anwesenheit läufiger Hündinnen in der Umgebung steigert sowohl die sexuelle Appetenz als auch die Aggressionsbereitschaft anderen Rüden gegenüber. Doch Ursprünglichkeit hin, Hormone her: Der Mensch ist dem nachbarschaftlichen Händel keineswegs hilflos ausgeliefert. Ein gut erzogener Hund, der gelernt hat, dass der Mensch entscheidet, wer in sein Reich wie nahe eindringen darf, muss weder zum Sklaven seiner Instinkte noch seiner Hormone werden.

Warum BEPINKELN manche Hunde ihre Spielkameraden?

Zu den mithin peinlichsten Situationen im Leben eines Hundefreundes gehört folgendes Missgeschick: Beim fröhlichen Spiel mit anderen hebt sein Hund plötzlich das Bein und bestrullert seinesgleichen. Der Ton der Schamesröte im Gesicht des Besitzers hängt dabei vom Sinn für Humor der übrigen Anwesenden ab. Peinlichkeiten wurden und werden vom Menschen recht erfolgreich dadurch überwunden, dass man möglichst kluge und gelehrte Bemerkungen zur Ursache abgibt. Eine solche Vorgehensweise rettet die Situation garantiert auch in diesem Fall: Caniden pflegen ihre sozialen Geruchsstoffe, und zu diesen zählt der Urin ja, nicht nur auf dem Boden oder auf Objekten in der Umgebung zu platzieren. Sie tragen den eigenen Geruch gelegentlich auch auf den Körper von Artgenossen auf, wobei es sich um Rudelfremde sowie -angehörige handeln kann. Die geruchlichen Informationen, die sie damit dem anderen wie mit einem Stempel aufdrücken, bieten die Möglichkeit einer späteren geruchlichen Identifikation. Womöglich steckt auch die Absicht dahinter, eine Geruchsähnlichkeit unter den Anwesenden herzustellen, was ebenfalls der Wiedererkennung dienen würde. Bei diesem sogenannten sozialen Markieren kann übrigens auch der Mensch das Opfer sein. Da Wissenschaftler den wahrscheinlich begründeten Verdacht hegen, dass die Markierungshäufigkeit in einem gewissen Verhältnis zum beanspruchten Status steht, sollte man Hunden gerade das Markieren von Zweibeinern nicht gestatten.

Ist ein „HÖCKELNDER" Welpe ein frühreifes Früchtchen?

Gerade erst hat man den Welpen vom Züchter noch in reinster Unschuld und Kindlichkeit abgeholt, da zeigt er Anwandlungen, die ihm gemäß menschlicher Auffassung erst in ausgewachsenem Alter zustünden: Er behöckelt Altersgenossen, Sofakissen oder gar die Beine seiner Besitzer. Hat man nun ein sexuell besonders frühreifes Exemplar erwischt, auf das man zeit seines Lebens ein besonderes Auge haben muss? Bei einem Junghund, der dieses Verhalten im tatsächlichen Welpenalter bis etwa zur 16. Lebenswoche gelegentlich seinen Artgenossen gegenüber zeigt, besteht kein Grund zur Panik:

Es gehört zum natürlichen Formenkreis der sexuellen Prägung bei Hunden, die nun einmal im Welpenalter vor sich geht. Welpen, die im zarten Alter bereits zu Kissen oder Ähnlichem greifen, hatten oder haben womöglich zu wenig Kontakt zu Alters- und Artgenossen, was dringend geändert werden sollte. Einige junge Hunde allerdings, die ihre frühsexuellen Ambitionen allzu deutlich zeigen, sind häufig sich schneller entwickelnde Kleinhunde und bei strenger Betrachtung dem Welpenalter auch schon längst entwachsen. Darüber hinaus weist vieles darauf hin, dass – insbesondere bei Rassehunden – vermehrt Hypersexualität vorkommt, mit der ein ab und zu auf Artgenossen aufreitender Welpe allerdings nichts zu tun hat.

Hund und Katz – Wie gelingt der Beginn einer wunderbaren FREUNDSCHAFT?

Die Geschichte von Hund und Katz ist geprägt von Vorurteilen und Missverständnissen. Das liegt in erster Linie daran, dass beide Tiere zwar Beutegreifer sind, aber als solche nicht in derselben, sondern in gegnerischen Mannschaften spielen. Katzen flüchten bei Gefahr; darin sind sie höchst geübt, geschickt und schnell. Beim Hund löst eine flüchtende Katze in der Regel Beutefangverhalten aus. Zwei natürliche Verhaltensweisen also, die Freundschaften eher zur Ausnahme als zur Regel werden lassen. Die komplementär entgegengesetzte Körpersprache von Hund und Katze erschwert eine Verständigung zusätzlich. Eine Katze, die sich auf den Rücken dreht, verfolgt dabei ganz andere Absichten als ein Hund. Auch heftige Schwanzbewegungen haben bei Katzen mit freudiger Erregung wenig zu tun. Möchte man nun der Natur ein Schnippchen schlagen, so hat man die besten Aussichten auf Erfolg, wenn man einem Welpen eine gestandene, angstfreie Katze an die Seite stellt. Die hohe Lern- und Anpassungsfähigkeit von Hunden im zarten Alter ermöglicht es Ihnen, sich die Katzensprache wie eine Fremdsprache anzueignen. Dennoch kann man nicht davon ausgehen, dass ein Hund, der auf eine bestimmte Katze geprägt ist, zu einem generellen Katzenliebhaber werden muss. Es gibt Hunde, die durch das Aufwachsen mit einer Katze in ihrer allgemeinen Jagdleidenschaft deutlich gebremst werden, andere hingegen nicht.

Auch wenn es immer wieder die fantastischsten Berichte über tiefe Freundschaften zwischen Hunden und Katzen zu hören gibt, sollte man einem jugendlichen oder ausgewachsenen Hund nur dann eine Katze an die Seite stellen, wenn man sich der nichtjagdlichen Tugenden des Vierbeiners absolut sicher ist.

Passt eine Dogge durch meine Wohnungstür?

... und 12 weitere unbequeme Fragen zur Qual vor, bei und nach der passenden Auswahl.

Wo findet man den RICHTIGEN Hund?

Die Diskussion, wo man den richtigen Hund finden kann, erinnert in ihrer Heftigkeit manchmal an einen ideologischen Streit aus den Zeiten des Kalten Krieges. Pauschale Urteile über den völlig verdorbenen Tierheimhund, über den prinzipiell perfekt sozialisierten Züchterhund und über den generell ungeeigneten Mischlingswelpen aus ahnungsloser Privathand bedrängen zukünftige Hundebesitzer oft ganz gegen ihren Willen. Dabei muss der richtige Hund in allererster Linie zum Leben und zum Charakter seiner zukünftigen Besitzer passen. Lobpreisungen der fantastischen Eigenschaften eines Hundes besitzen zwar dieselbe ungeheure Verführungskraft wie die Schlange im Paradies, sind aber leider ähnlich einseitig in ihren Konsequenzen. Dort, wo man ausführlich über das auserkorene Tier aufgeklärt wird, auch Dinge zu hören bekommt, die Problemzonen darstellen können, und wo noch dazu darauf geachtet wird, dass die Eigenschaften des Hundes mit denen des Menschen und seiner Lebensweise kompatibel sind, ist man in der Regel an einer guten Adresse. Denn all dies zu erfüllen setzt Wissen, Erfahrung und Verantwortungsgefühl voraus, die zwar nicht immer einfach, aber dennoch mit Aufmerksamkeit und Engagement in den verschiedensten Ecken zu finden sind. Somit kann der richtige Hund, zumindest rein theoretisch, immer und überall auf den zu ihm passenden Menschen lauern.

Warum sehen manche Hunde ihren Besitzern so ÄHNLICH?

Es stellt ein Faszinosum sondergleichen dar: Manche Hunde ähneln ihren Herrchen oder Frauchen auf so frappante Art und Weise, dass man wider besseren Wissens schwören könnte, sie wären miteinander verwandt. Das sind sie nicht selten auch – und zwar seelenverwandt. Schon für die antike Physiognomik ist die Annahme, der Geist, die Seele und das Wesen eines Menschen drücke sich in seinem Äußeren aus, eine unbestrittene Gegebenheit. Sucht man nun Bestätigungen dieser Auffassung auch in der Hundewelt, so wird man schnell fündig. Sehr dünne Hunde neigen überdurchschnittlich oft zur Nervosität. Schlanke, doch dabei kräftig-muskulöse Tiere sind sehr häufig äußerst temperamentvoll bis aufbrausend. Von gemäßigtem Temperament bis zu phlegmatischer Natur sind eher große und dabei schwere Hunde. Da der Mensch – wie man sagt – sein Leben lang auf der Suche nach einem seelenverwandten Wesen ist, scheint er bei der Wahl auch seiner vierbeinigen Partner häufig – bewusst oder unbewusst – nach Ähnlichkeiten mit sich selbst zu suchen. Folgt man nun der Logik der oben genannten Lehre, nach der Wesen und Temperament auf jedem Körper sichtbare Spuren hinterlassen, und nimmt die menschliche Sehnsucht nach einem verwandten Wesen ohne jeglichen esoterischen Firlefanz ernst, so wird man beim Anblick eines gemütlichen, in sich ruhenden Menschen mit einem ebensolchen Hund an seiner Seite kein unerklärliches Geheimnis mehr vermuten, sondern eine psychologische Selbstverständlichkeit erkennen.

Sind Hundemenschen HERRISCH?

Im ewigen Kampf zwischen Hunde- und Katzenbesitzern um die Frage, ob nun das Zusammenleben mit dem einen oder anderen Tier den jeweiligen Besitzer als sittlich höherstehenden Menschen ausweist, hat in den vergangenen Jahren eine Art Tauwetter eingesetzt, und man existiert friedlich nebeneinander. Vorurteile haben jedoch bekanntlich eine längere Lebensdauer als Tatsachen, und so hält sich hartnäckig die Auffassung, Hundefreunde seien im Gegensatz zu Katzenliebhabern herrisch und wenig freiheitsliebend. Diese Meinung dürfte vor allem aus jenen Zeiten stammen, in denen der Hund weitaus weniger Sozialpartner war als heute und stattdessen in erster Linie gehalten wurde, um bestimmte Aufgaben zu erfüllen, wie das Bewachen, das Hüten oder das Verrichten irgendeines anderen Dienstes. Dabei herrschte damals ein weitaus rüderer Umgangston als heute, und die Unabdingbarkeit, mit der der Mensch Gehorsam forderte, zeigte sich auch in seinem Gebaren. Die Bedeutung des Hundes für den Menschen hat sich nun jedoch stark gewandelt. Der Hund hat eine soziale und partnerschaftliche Funktion mit allen daraus entstehenden Vorteilen und Schattenseiten. Die unprätentiöse Selbstverständlichkeit der Vergangenheit im Umgang ist heute einer häufig starken Unsicherheit gewichen, und viele Hundefreunde betrachten mittlerweile das Setzen von Grenzen mit ähnlich großem Misstrauen wie Katzenbesitzer. Hundebesitzer unserer Tage sind in der großen Mehrheit schon lange keine herrischen, auf

absolute Unterordnung bedachte Knutenträger mehr. Vielleicht ist diese Wandlung auch die Ursache für ein entspannteres Verhältnis zwischen Hunde- und Katzenliebhabern.

Was zählt mehr – CHARAKTER oder Aussehen?

Dass die Gegenwart eine mächtige Göttin ist, bestätigt der Mensch alltäglich in den verschiedensten Lebenslagen. Obschon als Kind von seinen Eltern regelmäßig gewarnt, sich nicht von Äußerlichkeiten blenden zu lassen und stattdessen auf innere Werte zu schauen, tappt er trotz hoher Lernfähigkeit immer wieder in diese Falle. So auch bei der Auswahl des Hundes, mit dem er ja im besten Falle mindestens zehn lange Jahre verbringen will. So sympathisch eine bestimmte Rasse optisch wirken mag und so sehr es der Eitelkeit schmeichelt, wegen der Schönheit eines Tieres (welches man, einmal ganz nebenbei bemerkt, gar nicht selbst geschaffen hat) bewundert zu werden, so radikal muss man sich Folgendes klarmachen: Das Wesen und der Charakter des Hundes sind es, die das Zusammenleben mit ihm im Alltag bis zu seinem hoffentlich späten Tod bestimmen werden, und nicht seine äußere Erscheinung. Daher sind auch Charakterbeschreibungen, beispielsweise in Rassehundebüchern, nur dann eine Hilfe, wenn man sie auch tatsächlich ernst nimmt und sich nicht nur von der Anziehungskraft der Abbildungen eine ohnehin schon gefallene Entscheidung bestätigen lässt. Der wunderschöne Hütehund aus einer Leistungslinie beispielsweise, der die Flugzeuge am Himmel hütet, der traumhaft hübsche Jagdhund, der, als Familienhund gehalten, seine Besitzer im Wald regelmäßig sich selbst überlässt, oder der Herdenschutzhund, der bei Einbruch der Dunkelheit auch Freunden den Eintritt ins Haus verwehrt, wurden kaum angeschafft, um diese Verhaltensweisen zu zeigen. Dass sie es trotzdem tun, ist keine hündische Unverschämtheit. Die „inneren" Werte der Hunde, die bei Nichtinanspruchnahme auch absurde Formen annehmen können, sind der Grund dafür.

Wer ist VERTRÄGLICHER? Rüde oder Hündin?

„Rüden raufen gern." „Wenn sich Hündinnen einmal ernsthaft prügeln, fließt auch Blut." Weisheiten solcher Art, die sich vor allem aus Erfahrungswerten von Züchtern, Hundeerziehern und langjährigen Besitzern speisen, rufen in der Regel schnell Protest hervor und empörte Verweise auf ganz gegensätzliche Erfahrungen. Das ist zunächst nicht weiter verwunderlich, denn verträglich sein können sowohl Rüde als auch Hündin; aber auch die Unverträglichkeit ist eine Untugend, die bei beiden Geschlechtern vorkommen kann. Daher sind Aussagen wie die oben genannten nicht falsch, sondern relativ. Rüden haben aufgrund ihrer ständigen potenziellen Reproduktionsmöglichkeit auch einen ständig höheren Konkurrenzdruck mit anderen männlichen Tieren zu erdulden, was so manchem ganz schön aufs Gemüt schlägt. In dieser hormonellen Zwangsjacke stecken Hündinnen naturgemäß nur zwei Mal im Jahr und können dann tatsächlich auch verändertes Verhalten zeigen. Viele Forscher bestätigen, dass Hündinnen insgesamt zwar wesentlich seltener mit ihresgleichen in Händel geraten, aber dafür im Falle eines Falles mit größerer Ernsthaftigkeit zur Sache gehen.

Selbstverständlich ist die Frage der Verträglichkeit bei Hündin und Rüde neben dem hormonellen Diktat auch eine der Erziehung und Sozialisation, und so hat jeder Rüden- und Hündinnenbesitzer auch erheblichen Einfluss darauf, ob er beim Spaziergang anderen Hundefreunden ein Leben lang entgegenrufen muss: „Rüde oder Hündin", gepaart mit einem hektischen Griff zur Leine.

Warum ist die parallele ERZIEHUNG von Kind und Hund oft schwierig?

Hat Sie nicht auch schon einmal beim Anblick einer frischgebackenen Mutter oder eines frischgebackenen Vaters, die sich mit einem Zwillingskinderwagen ihren mühsamen Weg durch die Welt bahnen, Mitgefühl gepackt oder doch wenigstens ein leises Schauern ob der Vorstellung von dieser kraft- und nervenaufreibenden Aufgabe der Koedukation vor allem in den ersten Jahren? Kaum eine ruhige Minute, eines schreit immer oder ist gerade im Begriff etwas anzustellen! Ganz anders hingegen ist die Reaktion der Umwelt auf ein eigentlich ganz ähnliches Phänomen. Ein zumeist mütterlicher Elternteil beim Spaziergang mit Klein- oder Kleinstkind und einem Welpen an der Leine: „Ach, wie süüüß!" Das „Ach-wie-niedlich-Syndrom", das beim Anblick eines Zwillings- oder gar Drillingskinderwagens in der Regel zuverlässig versagt, funktioniert beim Gewahrwerden der Mutter-

Kleinkind-Welpen-Kombination meistens hervorragend, und doch hätten die Letztgenannten ebenso echtes Mitgefühl verdient, denn die gleichzeitige Erziehung ist eine echte Sisyphosaufgabe! Hier nur einige ausgewählte Beispiele: Das Baby möchte ganz genau in dem Moment an die Brust, wenn der Welpe gerade ein Pfützchen macht und man ihn eigentlich auf der Stelle auf den Arm nehmen und heraustragen sollte. Doch der Arm ist besetzt – und zwar mit dem Kind. Ähnlich schwierig: Die Handhabung der unterschiedlichen Essgewohnheiten von Kind und Hund und das damit verbundene Erlernen von Manieren. Hat das Kind erst einmal entdeckt, wie schnell und unauffällig man ungeliebte Speisen mit einer eleganten Handbewegung in der Hundeschnauze unterm Tisch verschwinden lassen kann, ist der Weg zu einem unaufdringlichen und nichtbettelnden Hund oft beschwerlich. Ebenfalls nicht immer reibungslos verlaufen gegenseitige Spielaufforderungen, sofern der Hund nicht eindeutig von seinen erwachsenen Besitzern gelernt hat, dass man mit einem Kind nicht umgeht wie mit einem Gummiball, auch wenn es quietscht, und das Kind seinerseits weiß, dass es dem Hund keineswegs gefallen muss, als Reittier zu dienen. Da insbesondere Frauen im Multitasking sehr begabt sind, bewältigen gerade sie die Parallelerziehung oft erstaunlich gut. Dennoch erleichtert ein entsprechender Altersabstand diese anspruchsvolle Aufgabe der Koedukation ganz erheblich, da die unterschiedlichen Bedürfnisse von Kind und Hund bei einem größeren Altersunterschied leichter zu bewältigen sind.

Braucht eine Dogge ein SCHLOSS mit Park?

Eines der Hauptauswahlkriterien bei der Wahl des passenden Hundes ist oft die Quadratmeterzahl des Gartens, an der man die erlaubte Endgröße des ins Auge gefassten, ausgewachsenen Tieres festmacht. Sicherlich sind sowohl eine geräumige Wohnung als auch ein großer Garten nichts, was einen Hund vom Einzug in ein neues Heim abschrecken würde, doch muss man insgesamt sagen, dass die Wirkung, die eine hohe Gesamtquadratmeterzahl des Domizils vor allem auf den großwüchsigen Hund hat, völlig überschätzt wird. Da ein Hund die notwendige Auslastung in körperlicher und geistiger Hinsicht ohnehin nur außerhalb der eigenen vier Wände auf befriedigende Weise erhält, können ihn Frust und Langeweile ebenso in einer Zwölf-Zimmer-Villa mit Pool und unverbautem Fernblick ereilen. Viele Hundefreunde, die mit ihren großen Hunden eine ganz normale Etagenwohnung bewohnen, haben keinen Garten, der ihnen eine – und noch dazu vermeintliche – Entlastungsfunktion bieten könnte. Daher sind gerade sie es, die täglich stundenlang mit ihren Tieren in Wald, Wiese und Park spazieren gehen oder die mittlerweile vielfältigen sportlichen Angebote zur Auslastung ihrer Hunde nutzen. Und auf diese Weise können auch große Hunde kleinerer Wohnstätten ein völlig zufriedenes Leben führen.

Habe ich „PUTZFRAU-Qualitäten"?

Menschen, die sich einen Hund wünschen, sind gezwungen, im Vorfeld eine Menge Überlegungen anzustellen. Dass Hunde auch mal Dreck machen, scheint hierbei zunächst auf die Banalitätenliste zu gehören und wird daher oft mit einer wegwerfenden Handbewegung quittiert: „Einen Staubsauger anstellen kann ja wohl jeder!" Dabei verkennt man jedoch schnell, dass auch dazu eine gewisse Professionalität gehört. Eine gute Putzfrau nämlich erfüllt ihre Tätigkeiten sachlich, ohne persönlich gekränkt zu sein, und zwar zu jedem Zeitpunkt: ob Erbrechen nachts um vier, ob Durchfall während des Kaffeeklatsches mit den Freundinnen oder ob bloßes, aber dafür ständiges Verlieren von Haaren, die sich auf unerklärliche Weise selbst im Besteckkasten finden lassen. Ebenso wie eine Reinigungskraft bei der Ausübung ihrer Arbeit auf das Tragen von guter Kleidung verzichtet, muss der zukünftige Hundebesitzer bereit sein, Abschied von einem Großteil seiner guten Gaderobe zu nehmen und zwei Abteilungen im Schrank einrichten: „Hundekleidung" und „Etwas für zivile Anlässe". Von professionellen Putzhilfen lernen, heißt hier fürs Leben lernen, und die notwendigen Qualitäten dabei sind bei Weitem nicht nur rein mechanische wie beim Einschalten eines Staubsaugers.

Sind Tierheimhunde auch DANKBAR?

Die weitverbreitete Auffassung vom dankbaren Tierheimhund, der seinem Besitzer zeit seines Lebens vor lauter Glück über die segensreiche Wendung seines Schicksals nichts als Freude macht, hat schon vielen Hunden aus dem Tierheim und ihren neuen Herrchen und Frauchen das Leben äußerst schwer gemacht. Denn mit dieser unnützen Übertragung menschlicher Maßstäbe auf das Tier werden an den Hund Erwartungen geknüpft, die er gar nicht erfüllen kann. Hunde sind in hohem Maße gegenwartsbezogene Wesen, sie leben im Hier und Jetzt – dabei zwar von ihrer Vergangenheit geprägt und beeinflusst, doch ohne die dem Menschen eigene Reflexion über seine Biographie. Würden Tierheimhunde tatsächlich so etwas wie eine reflektierende Dankbarkeit besitzen, müssten sie die problemlosesten Hunde auf Gottes schönem Erdboden sein, was so pauschal mit Sicherheit niemand behaupten würde. Es gibt fantastische ehemalige Tierheiminsassen, die durch ihre wechselhaften Lebensumstände eine große Anpassungsfähigkeit mitbekommen haben und sich perfekt in das Dasein ihrer neuen Familien einfügen, es gibt demgegenüber hochproblematische Tierheimhunde, die für jeden Erziehungsexperten eine große Herausforderung darstellen, und es gibt schließlich solche, die lediglich ganz normale und harmlose „Macken" haben, so wie jeder andere Hund auch. Auf diese Möglichkeiten sollte man sich bei einem Tierheimhund einstellen und nicht an ungesunden Mythen wie einer angeblichen Dankbarkeit festhalten.

Gibt es den passenden ANFÄNGERHUND?

Scheitert eine Mensch-Hund-Beziehung, ist die Umwelt mit Vorwürfen schnell bei der Hand: „Was holen sich Leute mit Kleinkindern auch so einen großen Hund", „Hätten die sich mal über die rassespezifischen Eigenschaften besser informiert" oder „Als Anfänger sollte man sich auch kein so temperamentvolles Tier anschaffen", und so weiter, und so fort. Aber gibt es ihn denn überhaupt den passenden Anfängerhund, oder wohnt einer jeden Mensch-Hund-Beziehung von vornherein die Möglichkeit des Scheiterns inne? Optimalerweise sollte man sich als Ersthundebesitzer schon vor der Auswahl eines bestimmten Hundes von jemandem, der hauptberuflich mit Hunden zu tun hat, ausführlich beraten lassen. Der hat nämlich bei entsprechender Erfahrung einen guten Überblick über alle gängigen Rassen und kennt die Vor- und Nachteile auch der Mischlingshaltung ganz genau. Dabei kann er nüchtern und ohne rosa Brille menschliche Lebensverhältnisse in Bezug auf den Wunschhund analysieren. Menschen ohne oder mit wenig Hundeerfahrung neigen leider oft zu Extremen, sie wählen entweder den kräftigsten und keckesten oder – und das scheint interessanterweise überdurchschnittlich oft der Fall zu sein – den schüchternsten und gar ängstlichsten. In keinem der beiden Fälle aber sind sie gut bedient. Leuchtet dies bei dem draufgängerischen Hund noch ein, so ist die Gefährlichkeit unsicherer Hunde in unerfahrenen Händen leider wenig bekannt. Den geeigneten Anfängerhund gibt es sicherlich, nur ist paradoxerweise etwas Erfahrung erforderlich, genau diesen zu erkennen. Daher ist eine professionelle Beratung in diesem Fall – egal ob im Tierheim oder in der Hundeschule – mit Sicherheit eine gute Investition.

Sind Hundebesitzer die ANGENEHMEREN Zeitgenossen?

Hundebesitzern werden eine ganze Anzahl schmeichelhafter Eigenschaften nachgesagt: Kontaktfreude, Kommunikationsfähigkeit, ein offenes Wesen, Empathie. Würde man eine Befragung unter den Nachbarn, Joggern und Radfahrern dieser Welt durchführen, kämen mit hoher Wahrscheinlichkeit einige Merkmale hinzu, die dieses positive Bild etwas relativierten. Was ist also dran am Bild des Hundebesitzers als dem angenehmeren Zeitgenossen? Ist man einmal ganz schonungslos ehrlich, so wird man zugeben müssen, dass die genannten Tugendmerkmale in erster Linie solche des Hundes sind. Er ist derjenige, welcher – sofern er normal geprägt und ohne große Erziehungsdefizite oder Verhaltensauffälligkeiten durch die Welt läuft – der Menschheit vorurteilsfrei gegenübersteht und diese durch seine Kontaktfreudigkeit und Sympathie begeistert. Auf viele Hundebesitzer färbt dieses Verhalten durchaus ab, Hund sei Dank. Einige bedauernswerte und vom Leben gebeutelte Zeitgenossen jedoch wenden sich mit dem Verweis auf den besseren Charakter der Hunde von Menschen als solchen ab und werden zu Misanthropen. Gerade ihnen möchte man daher wünschen, vom Wesen ihrer Hunde zu lernen, die zumeist selbst bei schlechten Erfahrungen in ihrem Leben den Menschen gegenüber wohlgesonnen und heiter bleiben oder sich zumindest bereitwillig eines Besseren belehren lassen.

Was ist der schlimmste ERZIEHUNGSFEHLER?

Der moderne *Homo sapiens* steht heute bei der Erziehung seines Hundes anders als in dunkler Vorzeit nicht mehr allein auf weiter Flur. Professionelle Hundeerzieher von der Wattebäuschchenfraktion bis zur Strammstehstaffel bieten die verschiedensten Modelle, Methoden und Konzepte, bilden jedoch eine einheitliche Armee im Kampf gegen menschliche Erziehungsfehler. Leider stürmen sie dabei gleichzeitig in völlig verschiedene Richtungen, da man den Feind keineswegs an ein und derselben Stelle vermutet. Zurück bleiben ratlose Zwei- und noch ratlosere Vierbeiner, die sich so sehr eine verbindliche Aussage

darüber wünschen, was denn nun der schlimmste Erziehungsfehler sein mag. Allgemeiner Konsens ist an dieser Stelle sicherlich die unangemessene Vermenschlichung des Tieres. Doch beginnt dieses Phänomen, welches die Mutter aller Erziehungsfehler ist, nicht erst beim Hund im Puppenkleidchen. Es beginnt dort, wo man zur Grundlage des eigenen Verhaltens dem Vierbeiner gegenüber eigene Wünsche und Vorstellungen macht, die mit denen des Tieres, viel häufiger, als man glauben möchte, nichts zu tun haben. Ein Hundefreund, der aus Mitleid seinem Liebling einschränkende erzieherische Maßnahmen nicht zumuten möchte, macht ebenso eigene Affekte zum Maßstab des vermeintlich richtigen Handelns wie ein Hundebesitzer, der es als persönliche Kränkung empfindet, wenn der Hund nicht perfekt gehorcht. Nicht von sich selbst absehen zu können, bildet den Kern der Vermenschlichung des Tieres im Umgang mit unseren vierbeinigen Freunden. Somit stellen Hunde höchste Herausforderungen an die menschliche Charakterentwicklung und sind hervorragende Partner bei der Überwindung eines wohlgemerkt allgemeinmenschlichen Phänomens.

... und wie klappt's mit dem NACHBARN?

Eine entspannte Koexistenz mit dem unmittelbaren Nachbarn trägt ungemein zum eigenen Wohlbefinden bei, und die damit verbundenen kleinen Mühen sollten mit vorausschauendem Weitblick auf die nächsten Jahre nicht gescheut werden. Am besten informiert man seinen Nachbarn schon, bevor der Hund einzieht, aber nicht in Form eines offiziellen Schreibens, sondern bei einer zufälligen Begegnung und in einem Nebensatz. An der Reaktion kann man sein weiteres Vorgehen strategisch ausrichten. Reagiert er mit freudiger Begeisterung, immerhin gibt es ja auch unter Nachbarn große Tierfreunde, sollte man ihn keinesfalls vor den Kopf stoßen. Die Ursache vieler Feindschaften und Fehden sind nämlich enttäuschte Liebe und zurückgewiesene Zuneigung, daher ist großes Fingerspitzengefühl gefragt. Hören Sie sich geduldig und mit fragendem Interesse alle gut gemeinten Ratschläge für die richtige Haltung Ihres zukünftigen Hausgenossen an, machen Sie aber keinesfalls irgendwelche Zusagen wie „Natürlich können Sie auch mal mit ihm spazieren gehen". Verweisen Sie bei entsprechender nachbarschaftlicher Hartnäckigkeit vage in die Zukunft und wechseln unmittelbar im Anschluss daran zu einem anderen Thema, über das der Nachbar gerne spricht. Ist der Hund eingezogen, soll er den Nachbarn mögen lernen, daher sind vor allem in den ersten Tagen kurze Zusammenkünfte von Vorteil, bei denen der Nachbar auch mal ein kleines Leckerchen springen lassen darf. Übertreiben darf man es damit allerdings keinesfalls. Gerade dem Welpen soll sich nicht einprägen, dass ein anderer Haus- oder Straßenbewohner womöglich interessanter ist als man selbst. Ist der Nachbar gar zu großzügig mit der Gabe von Leckerli und ignoriert Ihre sanften Anspielungen darauf, so hat sich der Hinweis auf eine Futterunverträglichkeit in Verbindung mit einer ausführlichen Beschreibung des Erbrochenen von letzter Nacht bewährt. Reagiert der Nachbar auf die Ankündigung von vierbeinigem Nachwuchs verhalten oder negativ, muss eine andere Strategie gewählt werden. Befragen Sie ihn nach eventuellen negativen Erfahrungen mit Hunden, hören auch hier wieder ohne Diskussion und dafür mit Interesse und Mitgefühl zu: Denn nur ein Mensch, der sich in seiner Haltung ernst genommen fühlt, ist auch eventuell bereit, von dieser abzurücken. Erwarten Sie einen Welpen oder Junghund, so empfiehlt es sich, sowohl auf das Kindchenschema als auch auf die natürliche Freundlichkeit junger Tiere zu setzen. Bei der ersten Begegnung mit dem Nachbarn stellen Sie den Neuankömmling vor und werden nicht müde zu betonen: „Der mag Sie! So ist er nicht zu jedem!" Da der Mensch von Haus aus gemocht werden will, sollte dies ausreichen, das Herz des Nachbarn zu erobern; diese Vorgehensweise funktioniert in der Regel auch mit ausgewachsenen freundlichen Hunden. Bei einem älteren, eventuell problematischeren Tier sollte man regelmäßig auf die verkorkste Kindheit verweisen; hier sind einige kleine Ausschmückungen durchaus erlaubt. Um eine Atmosphäre der Akzeptanz zu schaffen, müssen diese Erzählungen aber im Vorfeld präsentiert werden. Als Legitimation und Entschuldigung für bereits Vorgefallenes leisten sie bei jemandem, der Hunden ablehnend gegenübersteht, keine guten Dienste.

Service

Zum Weiterlesen

Empfehlenswerte Bücher aus dem KOSMOS-Verlag

Erziehung und Beschäftigung

Führmann, Petra, Hoefs, Nicole und Franzke, Iris:
Das große Kosmos Spielebuch für Hunde.
Führmann, Petra, Hoefs, Nicole und Franzke, Iris:
Die Kosmos Welpenschule. Mit DVD.
Führmann, Petra und Franzke, Iris: **Erziehungsprobleme beim Hund.** Verhaltensprobleme verstehen und lösen.
Führmann, Petra und Hoefs, Nicole: **Erziehungsspiele für Hunde.**
Führmann, Petra und Hoefs, Nicole:
Erziehungsspiele für Hunde – für unterwegs.
Führmann, Petra und Hoefs, Nicole:
Hundeerziehung – für unterwegs.
Führmann, Petra, Hoefs, Nicole und Franzke, Iris:
Kleine Hunde – große Freunde.
Führmann, Petra und Franzke, Iris:
Zwei Hunde – doppelte Freude. Haltung und Erziehung von zwei und mehr Hunden.
Hoefs, Nicole und Führmann, Petra:
Das Kosmos-Erziehungsprogramm für Hunde. Auch als DVD.

Gesundheit

Bucksch, Martin: **Kosmos Praxishandbuch Hundekrankheiten.** Vorsorge und Erste Hilfe, Krankheiten erkennen und behandeln.
Lausberg, Frank: **Erste Hilfe für den Hund.**

Hunde verstehen

Feddersen-Petersen, Dr. Dorit: **Ausdrucksverhalten beim Hund.** Mimik und Körpersprache, Kommunikation und Verständigung.

Feddersen-Petersen, Dr. Dorit: **Hundepsychologie.** Sozialverhalten und Wesen, Emotionen und Individualität. Mit Filmen zum Sozialverhalten auf DVD.

Gansloßer, Udo und Kitchenham, Kate: **Forschung trifft Hund.** Neue Erkenntnisse zu Sozialverhalten, geistigen Leistungen und Ökologie.

Handelman, Barbara: **Hundeverhalten.** Mimik, Körpersprache und Verständigung, mit über 800 ausdrucksstarken Fotos.

Unterhaltung

Hoefs, Nicole und Führmann, Petra: **Auf Hundepfoten durch die Jahrhunderte.** Kulturgeschichten rund um den Hund.

von der Leyen, Katharina: **Der Hund von Welt**

von der Leyen Katharina: **Dogs in the City**

Quellen

Ausgewählte Quellen zur deutschen Geschichte des Mittelalters [Freiherr-vom-Stein-Gedächtnisausgabe]. Begr. v. Rudolf Buchner u. fortgef. v. Franz-Josef Schmale. Bd. 30. **Der Sachsenspiegel des Eike von Repgow. Land- und Lehensrecht.**

Beneke, Norbert. **Der Mensch und seine Haustiere.** Stuttgart 1994.

Bloch, Günther. **Der Familienbegleithund im modernen Haus-stand.** Verhaltensbeobachtungen an Menschen und ihren Hunden. Bad Münstereifel 2001.

Calabro, Silvana. **Blindenführhunde in Gegenwart und Vergangenheit.** Berlin 1999.

Coppinger, R. u. L. **Hunde. Neue Erkenntnisse über Herkunft,**

Verhalten und Evolution der Kaniden. Grassau 2003.

Coren, Stanley. **Die Intelligenz der Hunde.** Reinbek bei Hamburg 1997.

Coren, Stanley. **Wie Hunde denken und fühlen**. Die Welt aus Hundesicht. So lernen und kommunizieren Hunde. Stuttgart 2005.

Der Schwabenspiegel. Übertr. in heutiges Dt. von Harald Rainer Derschka. München 2006.

Eichelberg, H. u. Seine, R. **Lebenserwartung und Todesursachen bei Hunden.** Zur Situation bei Mischlingen und verschiedenen Rassehunden. In: Tierärztliche Wochenschrift 109, 1995, S. 292–303.

Eliade, Mircea. **Die Schöpfungsmythen.** Zürich 1964.

Enzyklopädie des Märchens. Handwörterbuch zur historischen und vergleichenden Erzählforschung. Hg. v. Rolf Wilhelm Brednich. Berlin, New York 1977 ff. 4 Bde.

Feddersen-Petersen, Dorit Urd. **Hundepsychologie.** Sozialverhalten und Wesen, Emotionen und Individualität. Stuttgart, 4. Auflage, 2004.

Handbuch der europäischen Geschichte. Hg. v. Theodor Schieder. Stuttgart 1968 ff. 7 Bde.

Handbuch der europäischenWirtschafts- und Sozialgeschichte. Hg. v. Wolfram Fischer u.a. Stuttgart 1980 ff. 6 Bde.

Hundert Jahre kynologische Forschung in der Schweiz. Schweizer Kynologische Gesellschaft. Bern 1975.

Knoche, B. **Auf den Hund gekommen?** Natur- und Kulturgeschichte des Hundes. Münster 2001.

Krenkel, Katharina. **Heim, Herd & Hund.** Katalog zur Ausstellung um Museum Illingen 1998.

Kretschmar, Freda. **Hundestammvater und Kerberos**. Repr. der Ausgabe Stuttgart, Strecker und Schröder 1933. New York, London. Studien zur Kulturkunde; Bd. 4.

Kunze, Konrad. **dtv-Atlas Namenkunde.** Vor und Familiennamen im deutschen Sprachgebiet. Freiburg, 5., durchges. und korrig. Auflage, 2004.

Meermann, Silke. **Handbuch der Hundekrankheiten.** Vorbeugen Erkennen Behandeln. Brunsbek 2007.

Meyer, H. u. Zentek, J. **Ernährung des Hundes.** Grundlagen Fütterung Diätetik. Stuttgart, 5., neu bearb. u. erweit. Auflage, 2005.

Oeser, Erhard. **Mensch und Hund.** Geschichte einer Beziehung. Darmstadt 2004.

Oeser, Erhard. **Der Anteil des Hundes an der Menschwerdung des Affen.** In: K. Kotrschal (Hg.) u.a. Konrad Lorenz und seine verhaltensbiologischen Konzepte aus heutiger Sicht. Fürth 2001.

Paul, Martha. **Wolf, Fuchs und Hund bei den Germanen.** Diss. Wien 1981.

Perfahl, Jost (Hg.) **Wiedersehen mit Argos und andere Nachrichten über Hunde in der Antike**. Kulturgeschichte der Antiken Welt; 15. Mainz 1983.

Pitzen, Hubert. **Von Hunden und Wölfen in der Eifel**. Aachen 2001.

Quellen zum Dreißigjährigen Krieg und Westfälischen Frieden aus dem Fürstenbistum Osnabrück. Bearb. v. Gerd Steinwascher. Osnabrück 1996.

Räber, Hans. **Enzyklopädie der Rassehunde.** Ursprung, Geschichte, Zuchtziele, Eignung und Verwendung. Stuttgart 1995. 2 Bde.

Roose, Ulrich. **Erhebungen zum Grasfressen beim Hund.** Tierärztliche Hochschule Hannover Diss. 1982.

Schleidt, W. M. **Is humaness canine?** In: Human Ethology Bulletin 1998, 13 (4), S. 1–4.

Schleidt, W. M. **Apes, Wolfes and the Treck to Humanity.** Did Wolfes Show us the Way? In: Discovering Archeology March/April 1999, S. 8–10.

Scholz, Herbert. **Der Hund in der griechisch-römischen Magie und Religion.** Berlin 1937.
Wachtel, Hellmuth. **Das Buch vom Hund.** Die Symbiose zwischen Hund und Mensch. Lüneburg 2002.
Wachtel, Hellmuth. **Hundezucht 2000.** Weiden 1997.
Xenophon. Kynegetikus oder das Büchlein von der Jagd. Nebst Anhang: Arrians Kynegetikus oder Büchlein von der Jagd. Übersetzt von Christian Heinrich Dörner. Berlin-Schöneberg, 3. Auflage, 1908–1909.
Zimen, Erik. **Der Wolf.** Verhalten, Ökologie und Mythos. Stuttgart 2003.
Zlotogorska, Maria. **Darstellungen von Hunden auf griechischen Grabreliefs: Von der Archaik bis zur römischen Kaiserzeit.** Schriftenreihe Antiquates, Bd. 12. Hamburg 1997.

Ferner verdanken wir viel den Gesprächen mit Herrn Prof. Dr. Joachim Burger, Institut für Anthropologie, Universität Mainz, sowie Herrn Prof. Dr. Sachsse, Institut für Zoologie, ebenfalls Universität Mainz.

Nützliche Adressen

Die Aschaffenburger Hundeschule

Petra Führmann und Iris Franzke GbR
Ernsthofstraße 14
63739 Aschaffenburg
Tel.: 06021-20156
Fax: 06021-219194
info@hundeschule-ab.de
www.hundeschule-ab.de

Wenn Sie ein Problem mit Ihrem Hund haben, können Sie sich gerne an uns wenden. Bitte bedenken Sie, dass wir keinerlei Ferndiagnosen stellen können und dies auch in höchstem Maße unseriös wäre. Sie können uns aber gerne in unserer Hundeschule besuchen. (Anfragen bitte per E-Mail oder mit frankiertem Rückumschlag – Herzlichen Dank!)

Zum Weiterklicken

www.hundeshop-ab.de
Onlineshop der Hundeschule Aschaffenburg

blog.hundeschule-ab.de
Blog der Hundeschule Aschaffenburg

www.hundetrainer-werden.de
Aus- und Fortbildung für Hundemenschen

Register

Impressum

Umschlaggestaltung von estudio Calamar unter Verwendung von Farbzeichnungen von Martin Haake.

Mit 65 Cartoons von Heinz Grundel

Alle Angaben in diesem Buch erfolgen nach bestem Wissen und Gewissen. Sorgfalt bei der Umsetzung ist indes dennoch geboten. Der Verlag und die Autorinnen übernehmen keinerlei Haftung für Personen-, Sach- oder Vermögensschäden, die aus der Anwendung der vorgestellten Materialien und Methoden entstehen könnten.

Unser gesamtes lieferbares Programm und viele weitere Informationen zu unseren Büchern, Spielen, Experimentierkästen, DVD, Autoren und Aktivitäten finden Sie unter **kosmos.de**

FSC®
www.fsc.org
MIX
Papier aus verantwortungsvollen Quellen
FSC® C014496

Gedruckt auf chlorfrei gebleichtem Papier

Zweite, aktualisierte Ausgabe

ISBN 978-3-440-13411-5
Redaktion: Ute-Kristin Schmalfuss
Produktion: Kirsten Raue, Eva Schmidt
Gestaltung: DOPPELPUNKT Auch & Grätzbach GbR, Stuttgart
Printed in Germany / Imprimé en Allemagne

Spielspaß.

Lesen. Wissen. Spielen.

Führmann • Hoefs • Franzke
Das große Kosmos Spielebuch für Hunde
240 S., 317 Abb., €/D 26,99

Die schönsten Spielideen

Mit diesem Buch kommt Schwung in den Hundealltag. Koordinations- und Bewegungsspiele, Such-, Apportier- und Nasenspiele, Strategie- und Intelligenzspiele – hier findet jedes Mensch-Hund-Team das Richtige. Die Erfolgsautorinnen stellen in ihrem ultimativen Spielebuch die schönsten Spiel- und Beschäftigungsideen rund um den Hund vor. Ein umfassender Überblick über alle gängigen Hundesportarten rundet das Buch ab und macht Lust auf Hundesport – von A wie Agility bis Z wie Ziel-Objekt-Suche.